新装版

解けますか？

小学校で習った

# 算数

浜田　経雄・監修

「新装版
解けますか？小学校で習った算数」制作委員会・編

JN033390

# はじめに

　みなさんは小学生の頃、算数が好きでしたか?

　算数や数学は苦手だなあという人は多いと思います。でも、よくよく話を聞いてみると、「小さい頃は算数が好きだった」「九九までは好きだったけれど、分数が出てきてわからなくなった」などと言う人も少なくありません。

　小学校4年生になるころから、分数、小数、面積など習うことが増えてきて、ちょっとわからないと思っているうちに授業はどんどん進んでしまう。そんなことが今よく言われるところの理数系離れにつながっているのではないでしょうか。

　とはいえ、小学校で習った算数くらいは簡単にできるはず、と思っているそんな方にこそ、本書を手に取っていただきたいのです。大人になって改めて接してみると、小学校で習ったはずなのに、結構難しい、こんなはずではなかった、そんな思いにとらわれること間違いありません。

本書は、難しい公式をつかったり、紙に計算を書いて解いたりするような面倒くさい問題はなるべく取り上げないようにしました。読んだ方が「ああ、算数の考え方ってこうだった」と懐かしく思い出していただけるようなものを中心に、頭の体操としても使えるような問題を多く集めました。

　また、簡単すぎて物足りないという人のために、数年前ブームになった「インド式計算」や「中学入試レベル」の難問も取り上げています。

　算数の面白さは、考え方と解き方の手順がわかると、一見複雑な問題でもスラスラと解けてしまうところです。解いたときの達成感がなんとも爽快な気分にさせてくれるところです。

　この本を手に取ってくださったあなたにもその魅力を味わっていただければ幸いです。

解けますか？

小学校で習った

# 算 数

## 目　次

## この本で取り上げた内容について

◎この本の問題は、文部科学省の学習指導要領に示された小学校の「算数」の内容に即して構成・出題されています。

◎「つるかめ算」「旅人算」「インド式計算」など教科書には直接出てこない表記もありますが、計算問題、もしくは文章問題は小学校で習う範囲のものを出題しています。発展的な考え方もしくは解答のための手段として導入しています。

◎第8章「中学入試レベル編」は指導要領より難易度の高い問題も入っています。ご了承ください。

◎なるべく複雑な計算や図を描いてみる問題は避けましたが、単元によっては計算が必要になってくる問題もあります。

×52　825÷5　8×12　2.4－(0.8－0.4)×6　440×5　88×92
50÷5　17×97　1.5×(1.3+0.7)－(1.4－0.4)×1.5　31×29　560÷5
-.5×4.2－42)÷4.2　642×5　308×302　1200÷5　21×19　41×39
×5　99×101　25×5　114×116　1250÷25　32.5－3.5×2－1.5÷3
0÷25　156×154　1200÷25　17×97　1500÷25　102×108
)×5　32×28　75÷0.5－25÷0.5　308×302　125×4.56－25×4.56
-(0.8－0.4)×6　440×5　88×92　48×52　825÷5　8×12
×97　1.5×(1.3+0.7)－(1.4－0.4)×1.5　560÷5　1250÷5　31×29
00÷5　21×19　41×39　(16.5×4.2－42)÷4.2　642×5　308×302
4×116　1250÷25　32.5－3.5×2－1.5÷3　25×5　99×101　25×5
×97　1500÷25　156×154　600÷25　200÷25　102×108
÷0.5－25÷0.5　308×302　5×4.56　140×5　32×28

# 第1章

# 入門編

0×5　32×28　75÷0.5－25÷0.5　308×302　125×4.56－25×4.56
50÷5　17×97　1.5×(.3+0.7)－(1.4－0.4)×1.5　31×29　560÷5
6.5×4.2－42)÷4.2　642×5　308×302　1200÷5　21×19　41×39
×5　99×101　25×5　114×116　1250÷25　32.5－3.5×2－1.5÷3
×97　560÷5　1250÷5　31×29　1.5×(1.3+0.7)－(1.4－0.4)×1.5
00÷5　21×19　41×39　(16.5×4.2－42)÷4.2　642×5　308×302
7×97　1500÷25　156×154　600÷25　200÷25　102×108
4×116　1250÷25　32.5－3.5×2－1.5÷3　25×5　99×101　25×5
7×97　1500÷25　156×154　600÷25　200÷25　102×108
5÷0.5－25÷0.5　308×302　125×4.56－25×4.56　140×5　32×28
.4－(0.8－0.4)×6　48×52　825÷5　8×12　440×5　88×92
40×5　88×92　48×52　825÷5　8×12　2.4－(0.8－0.4)×6
14×116　1250÷25　32.5－3.5×2－1.5÷3　25×5　99×101　25×5
00÷25　156×154　1200÷25　17×97　1500÷25　102×108
5÷0.5－25÷0.5　308×302　125×4.56－25×4.56　140×5　32×28
14×116　1250÷25　32.5－3.5×2－1.5÷3　25×5　99×101　25×5
7×97　1500÷25　156×154　600÷25　200÷25　102×108

❶ 次のような形をマッチ棒でつくりました。

1) 2本取り除いて、
   同じ大きさの正方形を5つ作るには
   どうすればいいですか?

2) 2本取り除いて、
   同じ大きさの正方形を4つ作るには
   どうすればいいですか?

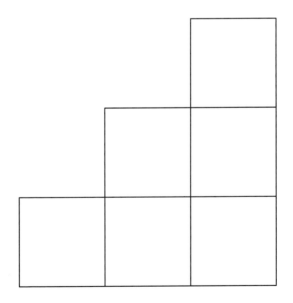

# ❶ ×の部分を取り除きます。

1)

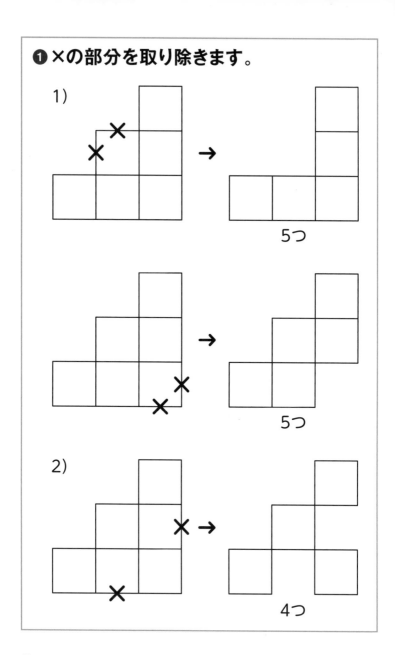

5つ

5つ

2)

4つ

❷ 次の図の中に、正三角形はいくつありますか?

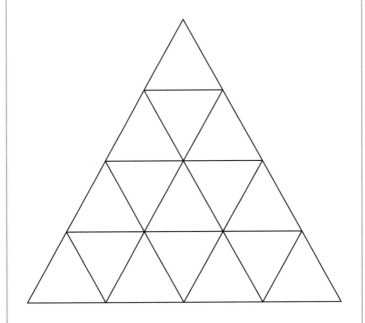

# ❷27個

　底辺が1の正三角形＝16個

　底辺が2の正三角形＝7個

　底辺が3の正三角形＝3個

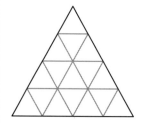　底辺が4の正三角形＝1個

❸ 次の図の中に長方形はいくつありますか?

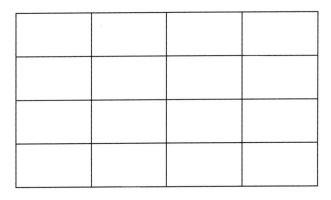

# ❸ 100個

1×1=16個
1×2=12個
1×3=8個
1×4=4個
2×1=12個
2×2=9個
2×3=6個
2×4=3個
3×1=8個
3×2=6個
3×3=4個
3×4=2個
4×1=4個
4×2=3個
4×3=2個
4×4=1個

❹ 右と左の組のそれぞれ数字をたした合計の数が、同じになるように数字をひとつ取り替えてください。

左

| 1 |
| 5 |
| 8 |

右

| 6 |
| 2 |
| 4 |

? = ?

# ❹5と4を交換する。

右の合計と左の合計の差は2です。したがって、
右の組を1増やして左の組を1減らせばいいことがわかります。

左

| 1 |
| 4 |
| 8 |

右

| 6 |
| 2 |
| 5 |

13 = 13

❺ 次の図は出発点に戻るように一筆書きをすることはできませんが、辺を1本を取れば一筆書きをして出発点に戻ることができるようになります。

どの辺を取ればいいでしょうか?

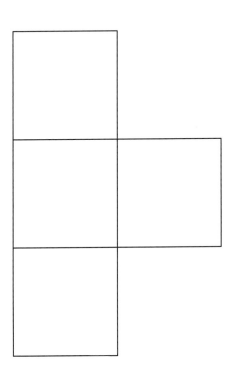

# ❺二重線の辺を取る。
## 一例として●から始めます。

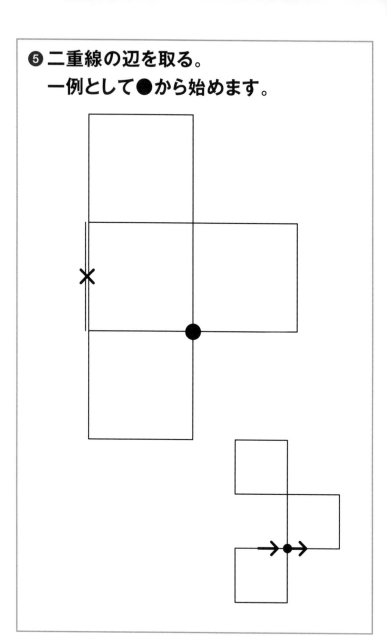

❻「悪魔」と「天使」と「人間」がいます。

3人は、見た目はそっくりです。

けれど、

「悪魔」は必ずウソをつき、

「天使」は本当のことしか言いません。

「人間」は適当なことを言います。

つぎの3人のコメントからだれがだれか当て
てください。

A「私は天使ではない」

B「私は悪魔ではない」

C「私は人間ではない」

**❻ A 人間**

　**B 悪魔**

　**C 天使**

悪魔はウソしかつけないので、AとCは悪魔ではありません。つまりBです。

すると天使は本当のことしか言わないので、Cが天使ということになります。

残りのAが人間です。

❼ 次の図は、さいころの展開図です。

空いている□、□、□に・を入れて完成させて

ください。

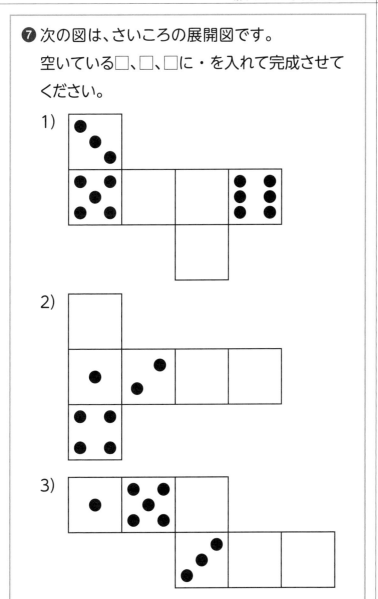

1)

2)

3)

❼ さいころは表と裏の数をたすと7になります。

1)

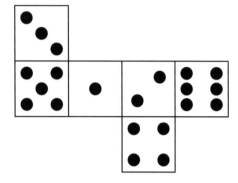

2)

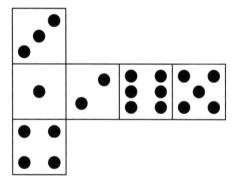

3)

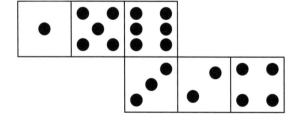

❽ 子どもの3人兄弟のうち1人がお菓子をつまみ食いしました。

3人はこう言っています。

長男「僕は食べていないよ」
次男「三男が犯人じゃないよ」
三男「僕が食べました」

この3人のうち、2人がウソをついています。
つまみ食いしたのは誰ですか？

❾ 羊飼いが、15頭のひつじを5人の子どもに分けました。

5人とももらった頭数が違うそうです。
どのように分けたのですか？

# ❽ 長男

長男の言っていることが正しいとすると、次男と三男の言っていることに矛盾が起きます。
つまり正しい人が2人いることになります。

三男が言っていることが正しいとすると、長男が言っていることも正しいことになります。

したがって、次男の言っていることが正しくて、後の兄弟の言っていることはウソということになります。
三男は食べていないのに食べたとウソをつき、長男は食べたのに食べていないとウソをついたのです。

つまり、犯人は長男です。

# ❾ 5人の子どもそれぞれに 1頭、2頭、3頭、4頭、5頭

5人で均等に分けると

15÷5＝3　3頭ずつになります。

5人ともらった頭数が違うので
1人が1頭を減らし、1人に追加し、
1人が2頭を減らして別の人に追加します。

❿ 次の円の面積のうち、どれがいちばん大きいですか?(外側の正方形の大きさはすべて等しいとします)

1)

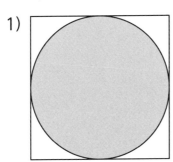

2)

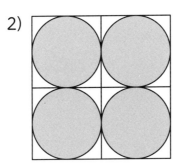

3)

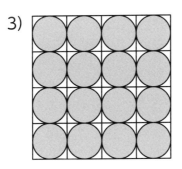

# ❿ どの面積も等しい。

外側の正方形の1辺を2cmと仮定して計算してみます。
すると、正方形に内接する円の面積は、

$1 \times 1 \times 3.14 = 3.14 (cm^2)$

となります。

つぎに4つに区切った正方形に内接する円の面積は、

$(0.5 \times 0.5 \times 3.14) \times 4 = 1 \times 3.14 = 3.14 (cm^2)$

となります。

16に区切った正方形に内接する円の面積は、

$(0.25 \times 0.25 \times 3.14) \times 16 = 1 \times 3.14 = 3.14 (cm^2)$

となります。

このように、正方形を限りなく区切っていっても、その正方形に内接する円の面積の和は常に等しいのです。

❶ チョコレート1個とガム1個で230円です。
チョコレート2個とガム1個では380円です。
チョコレート1個、ガム1個の値段はそれぞれ
いくらですか?

# ⓫ チョコレート 150円
## ガム 80円

チョコレート2個とガム1個からチョコレート1個とガム1個を引くと
チョコレート1個の値段が出ます。
したがって

380－230＝150（円）
230－150＝80（円）

❷ 大きな正方形の一辺が20cmのとき、その正
方形にすっぽりと入るように円を描き、その
円の中に正方形を描きました。
小さい正方形の面積はどれくらいですか?

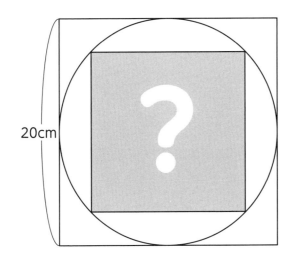

20cm

# ⑫ 200cm²

小さい正方形を回転してみると、下図のように、対角線が大きい正方形の一辺に等しい、つまり20㎝であることがわかります。
したがって、対角線が20センチのひし形の面積を求めればいいのです。

したがって

$$20 \times 20 \times \frac{1}{2} = 200 \, (\text{cm}^2)$$

です。

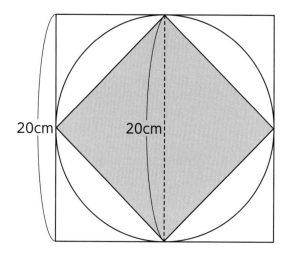

❸ 次の□に数字を1つずつ入れて、
式を完成させてください。

```
          □ 6
    ×     4 □
    ─────────
        □ □ 8
      □ □
    ─────────
      □ □ □
```

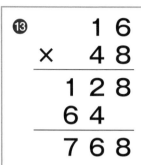

⓭
```
        1 6
  ×     4 8
      1 2 8
      6 4
      7 6 8
```

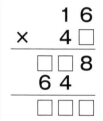

```
        1 6
  ×     4 □
      □ □ 8
      6 4
      □ □ □
```

4行目の答えが二桁ということは、□6の十の位には1しか入りません。

3行目16に何かをかけて、一の位が8の三桁の数というと、8が入ります。

```
        1 6
  ×     4 8
      1 2 8
      6 4
      □ □ □
```

この結果、16×48を計算すればよいことがわかります。

❹ ノート1冊は、鉛筆1本より60円高いそうです。
ノート2冊と鉛筆3本買ったら570円でした。
ノートと鉛筆はそれぞれいくらですか？

❺ 8を4つ使って、次の数字を表す式を例を参考
につくってください。

$$例 (8×8+8)÷8=9$$

$$(8\square8\square8)\square8=3$$
$$(8\square8\square8)\square8=1$$

**❶❹鉛筆 90円**

　**ノート 150円**

ノート1冊は、鉛筆1本より60円高いのですから、ノート2冊と
鉛筆3本は、鉛筆5本より120円高いことになります。

したがって、

(570−120)÷5＝90(円)

鉛筆は1本90円、ノートは

90＋60＝150(円)です。

---

**❶❺ (8＋8＋8)÷8＝3**

　**(8＋8−8)÷8＝1**

(答えは一例です。)

❶⑯ 桃、柿、レモンがあります。

その中から2つを選んで重さを量りました。

すると、次のことがわかりました。

①柿は、レモンより重い

②桃は、柿より重い

このとき、①、②、③の事がらで、必ず正しい
と言えるものはどれですか?
どちらとも言えないのはどれですか?
必ず間違っているのはどれですか?

①桃は、レモンより重い。

②レモンは、柿より重い。

③レモン2個分の重さは、桃より重い。

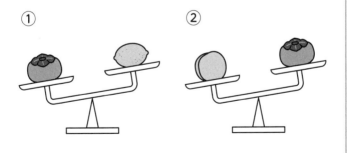

❶⑯ ①必ず正しいと言える。

②必ず間違っている。

③どちらとも言えない。

⓱ 絵本と写真集と辞典があります。

そのなかから2つ選んで重さを量りました。

すると、次のことがわかりました。

**①写真集と絵本は、絵本と辞典よりも軽い**

**②絵本と写真集は、写真集と辞典よりも重い**

それでは、この3冊の重さの順番を答えてください。

①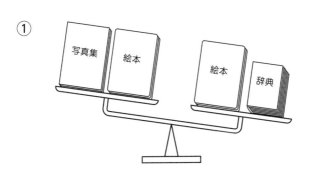

②

**⓱ 1番重い……絵本**
　 **2番目に重い…辞典**
　 **1番軽い…写真集**

①から絵本を取ると、
　写真集は辞典より軽いことがわかります。

②から写真集を取ると、
　絵本は辞典より重いことがわかります。

❽ A、B、C、D、Eの5人の年齢を調べました。同じ年齢の人はいません。

A「ぼくはBとは5歳違うんだ」

B「Cとは2歳違いだよ」

C「Dとの年の差は1歳です」

D「Eと2歳違います」

E「Aより2歳年下です」

このときCが25歳だとしたら、それぞれの年齢を答えてください。

**⓲ A=28歳**

**B=23歳**

**C=25歳**

**D=24歳**

**E=26歳**

DとEは2歳違い。

EはAの2歳年下。

けれど同じ歳の人がいないという条件なので、DはAの4歳年下ということがわかります。

DはC（25歳）と1歳違いなので、
Dは24歳か26歳です。

Dが26歳だとすると、Aは30歳ということになりますが、Aの発言からBが25歳になるので、Cと同じ年になり、条件に反します。

したがって、Dは24歳、Aは28歳だということがわかります。
Bは23歳です。

**⓳ 網のかかった部分の面積は、どちらが大きいでしょう。**

① 

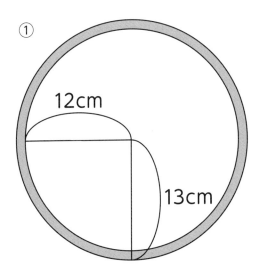

12cm

13cm

② 

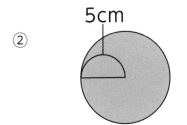

5cm

# ❿ 同じ面積です。

①の面積

13×13×3.14−12×12×3.14＝（169−144）×3.14＝25×3.14

②の面積

5×5×3.14＝25×3.14

❷⓪ サッカーゲームをしました。

ゴールに向かってシュートして、入れば特別ルールで4点もらえます。

外れると1点引かれます。

まさとさんは10回シュートして、結果が5点でした。

シュートは何本入ったのですか?

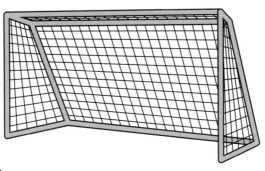

# ⑳ 3本

10本全部に入ったとすると

4×10＝40（点）となります。

けれど、実際には5点でしたので、

40−5＝35　35点は、はずした点数です。

入ったときとはずれた時は、

4−（−1）＝5

5点の差がありますから

35÷5＝7

7本がはずれたことになります。
したがって、入ったのは

10−7＝3（本）

**㉑** AからGの7つのボールがあります。

この中に1つだけ他のボールと重さが違うものがあります。

重いのか軽いのかはわかりません。

つぎの①、②、③の3つの図から、その重さの違うボールがどれか考えてください。

また、そのボールは他のボールより重いですか？軽いですか？

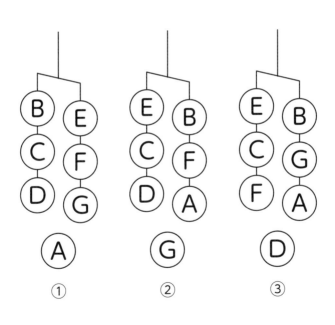

①

②

③

# ㉑ ⓒが軽い

①と②を見比べてみると、ⒷとⒺを入れ替えて、ⒶとⒼを入れ替え
ても結果は変わっていないので、

Ⓕが重い…①
ⒸとⒹのどちらかが軽い…②

のどちらかだということがわかります。

③では、重い可能性のあったⒻを移動して、
軽い可能性のあったⒹをはずしても
結果は変わりませんでした、

したがって、①、②から
Ⓒが軽いとわかります。

❷❷ ○の中に1から9の数字を入れて、

どの辺をたしても20になるようにしてください。

1度使った数は使えません。

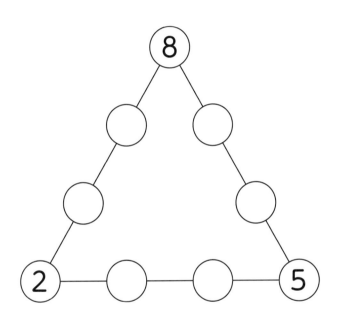

**㉒** 8+(9+1)+2=20
2+(6+7)+5=20
8+(4+3)+5=20

（　）の中は順不同

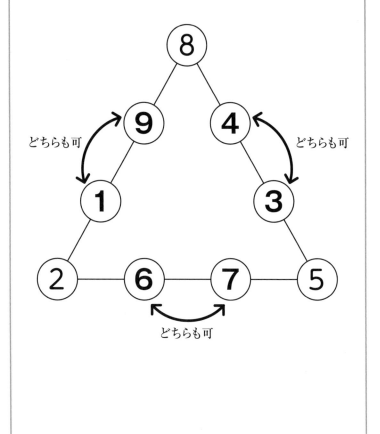

㉓2つの数量が伴って変わる関係です。

どの関係がどの式で表すことができますか?

①横の長さが36cmの長方形の、縦の長さ○cmと面積△cm²

②周りの長さが36cmの長方形の、縦の長さ○㎝と横の長さ△㎝

③面積が36cm²の三角形の底辺○cmと高さ△cm

④36ℓの水が入る水槽に、1分間に入れる水の量○ℓと水槽をいっぱいにするのにかかる時間△分

あ)○×2+△×2=36

い)36÷○=△

う)36×○=△

え)○×△÷2=36

①＝う）

②＝あ）

③＝え）

④＝い）

# 第2章

# 初 級 編

❶ 封筒と切手を買って440円払いました。

　封筒は切手より400円高かったそうです。

　それぞれいくらですか？

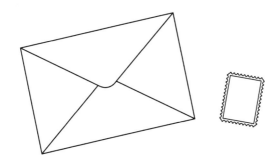

❷ 校内野球大会で、1組は2組に9点差で勝ち
ました。

　1組と2組の得点合計は19点です。

　1組の得点は何点ですか？

# ❶ 420円と20円

400と40円は不正解です。

○＋□＝440円

○－□＝400円

2○＝840円

○＝420円

# ❷ 1組　14点
　（2組　　5点）

**❸** 次の□の中に、+, −, ×, ÷の記号を入れて、式を完成させてください。

$$1\square234\square5\square6\square7\square89=100$$

**❹** 次の□の中に、1から7までの数字を1つずつ入れて式を完成させてください。

$$\square\times\square=\square\div\square=\square+\square-\square$$

**❸** 1️⃣➕234✖️5➗6➖7➖89＝100

**❹** 1×2＝6÷3＝4＋5－7

1と2、4と5は、入れ替えてもよいです。

2×3＝6÷1＝4＋7－5

2と3、4と7は、入れ替えてもよいです。

❺ 容積が7ℓおよび4ℓの容器1つずつを使って
5ℓの水を量ってください。

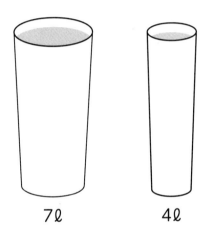

7ℓ        4ℓ

❺4ℓの容器いっぱいの水を7ℓの容器に
続けて2度注ぎます。

そうすると、2度目に注いだときには
1ℓの水が残ります。

7ℓの容器をからにして1ℓの水を移し、
さらに4ℓの容器いっぱいの
水を加えると5ℓの水が得られます。

❻ Aさん、Bさん、Cさんの3人がじゃんけんをします。(Aさん:グー、Bさん:チョキ、Cさん:パー)などのすべての場合は全部で何通りあるでしょう。

❼ ある時計台が5時の鐘を鳴らすのに10秒かかります。では10時の鐘を鳴らすのに何秒かかりますか?

# ❻ 27通り

3×3×3＝27

# ❼ 22.5秒

20秒ではありません。

5回鐘を鳴らす場合、間は4回ですから、鐘の鳴る間隔が2.5秒だとわかります。

10時の場合、間は9回あるので、2.5秒×9回＝22.5秒となります。

❽ あるばい菌があります。1個のばい菌は、1秒たつと2個に分裂します。

今、ビーカーの中に1個のばい菌を入れておいたところ、ちょうど100秒後にビーカーいっぱいに増えました。

では、同じばい菌を最初に2個入れると、何秒でいっぱいになるでしょう。

❾ 長方形を2つに切って、面積が同じになるような直線は何本引けますか?

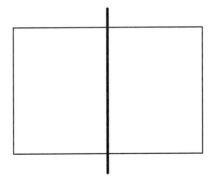

# ❽99秒後

50秒ではありません。
はじめに2個入れたということは、最初の1秒が省略できたということですから、99秒かかります。

# ❾無数に引けます。

長方形の対角線の交点を通る線は、長方形の面積を2等分します。
その線を回転させれば、無数に引けます。

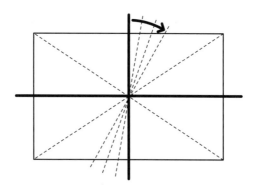

❿ 町内会の役員を決めます。

役員は5人ですが、6人立候補しました。600人の会員で投票するとき、確実に当選するためには、最低何票獲得すればいいでしょう。（棄権する人はいないものとします）

# ➓ 101票

たとえば、当選する人が1人だった場合、有権者の票の過半数を集めれば当選できます。

つまり有権者数の$\frac{1}{2}$+1票。

この場合301票あれば他の候補者の票数にかかわらず当選です。

同じように2人の場合は、最低$\frac{1}{3}$+1票あれば当選できます。

この問題では5人ですから、全体の$\frac{1}{6}$+1票、つまり101票が必要となります。

❶ A君とB君が100m競走をしました。

1回目は、A君がゴールをしたときB君はまだ95m地点を走っていました。そこで、A君のスタートする場所を5m後ろに下げて、2回目の競走をすることにしました。

2回目はどちらが勝ったでしょうか？

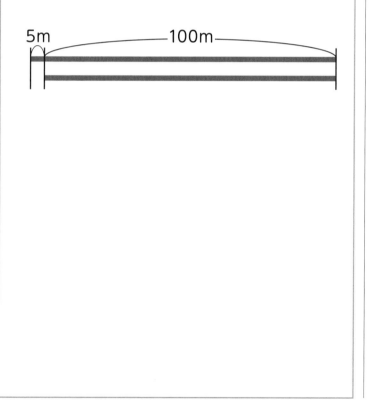

5m ———100m———

# ⓫ A君

A君が100m走るとき、B君は95m走ります。

そうすると2回目の競走では、A君が100m走った地点、つまり本来のスタート地点から95mの場所でB君と並ぶことになります。

のこり5mをA君が走ったとき、B君は4.75mしか走れないので0.25mA君が勝ちます。

⓬ 次の□に1〜9の数字を1回ずつ入れて、式を
完成させてください。

$$\square\square\square\square \times \square = \square\square\square\square$$

⓭ 次のます目に、タテ、ヨコ、ナナメの数の和が
すべて等しくなるように
1〜9の数字を1回ずつ入れてください。

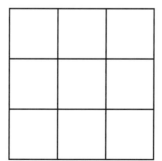

**⑫** 1963×4=7852

1738×4=6952

---

# ⑬ 一例として、下図の通り。

昔は「憎し（294）とも、連れて参るは七五三（753）、娘ひとりにむこ八人（618）」と覚えました。

| 2 | 9 | 4 |
|---|---|---|
| 7 | 5 | 3 |
| 6 | 1 | 8 |

3つの数字の組み合わせは変わりませんが、並べ方を変えると幾通りもできます。

❶❹ 地球の赤道の周りの1m外側にひもを巻くと
すると、ひもの長さは赤道の周りの長さより
何m長くなりますか?
地球の直径を12800000mとして考えてくだ
さい。

# ⓮ 6.28m

直径×3.14=円周ですから、

「12800000×3.14」(m)が赤道の長さになります。

一方で、赤道より1m外側の円周は、赤道の直径より2m長くなりますから、

「(12800000+2)×3.14」(m)で、求めることができます。

したがって、

(12800000+2)×3.14−12800000×3.14

=2×3.14=6.28(m)

このように円周の長さに関係なく、直径が2m増えれば円周は6.28m増えます。

# 第3章

# 小 数

❶ $\dfrac{1}{4}$ を小数に直してください。

❷ 0.8を分数に直してください。

（約分しなくてもかまいません）

# ❶ 0.25

分数の－の記号は割るという意味です。

$1 \div 4 = 0.25$

で求めることができます。

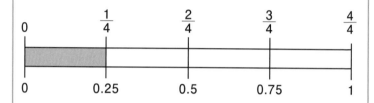

# ❷ $\dfrac{8}{10}$ $\left(\dfrac{4}{5}\right)$

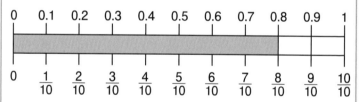

0.8を数直線で表すと、0.1の8つ分であることがわかります。

$0.1 = \dfrac{1}{10}$ ですから、$\dfrac{8}{10}$ です。

約分をする場合は、それからします。

❸ 0.3と$\dfrac{1}{3}$では、どちらが大きいですか?

❹ $\dfrac{4}{5}$と0.7は、どちらが大きいですか?

**❸** $\dfrac{1}{3}$

分数の－の記号は、割るという意味です。

$\dfrac{1}{3} = 1 \div 3 = 0.3333\cdots$

したがって $\dfrac{1}{3}$ の方が大きいことがわかります。

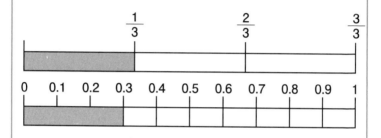

**❹** $\dfrac{4}{5}$

簡単な通分なら頭の中でしましょう。

$0.7 = \dfrac{7}{10}$ と置いてみます。

$\dfrac{4}{5}$ と $\dfrac{7}{10}$ を通分すると分母は10です。

$\dfrac{4}{5} = \dfrac{4 \times 2}{5 \times 2} = \dfrac{8}{10}$

したがって、$\dfrac{4}{5}$ の方が0.7より大きいことがわかります。

❺ 赤い紙テープは、480cm、
白い紙テープは、2mあります。
合わせて何mになりますか?

```
┌─────────────────┐
│                 │ 2.0m
└─────────────────┘
┌──────────────────────────────────┐
│                                  │ 480cm
└──────────────────────────────────┘
```

# ❺ 6.8m

小数のたし算は、単位をそろえてから、小数点で桁をそろえることが基本です。

480cm＝4.8m

| 480cm＝4.8m | 2.0m |

$$\begin{array}{r} 4.8 \\ +2.0 \\ \hline 6.8 \end{array}$$

❻ 1.4ℓの水が入っているバケツに、800mℓの水を加えました。

全部で何ℓになりますか？

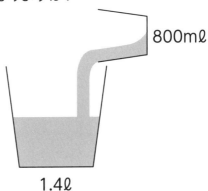

800mℓ

1.4ℓ

❼ 7.5kgのカバンがあります。そこから、1.2kgのノートパソコンと300gの本を取り出しました。

カバンの重さは何kgになりますか？

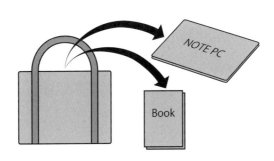

NOTE PC

Book

# ❻ 2.2ℓ

まず単位をそろえます。
答えはℓでと聞いているので、
1000mℓ＝1ℓですから、800mℓ＝0.8ℓ

**1.4＋0.8＝2.2（ℓ）**

となります。

# ❼ 6kg

7.5kg−1.2kg−300gの計算ですが、
まず単位をそろえましょう。

300g＝0.3kgですから、

**7.5−1.2−0.3＝6.0（kg）**

となります。

❽ 1ℓ500円のペンキを、3.5ℓ買ったら、
いくらですか?

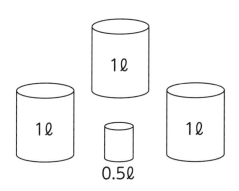

❾ 58.5mのリボンを1人に3mずつ配ります。
リボンは何人に配れて、何mあまりますか?

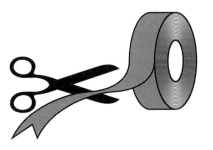

# ❽ 1750円

例えば、
1ℓ500円のペンキを2ℓ買ったら、
500×2=1000円になることはわかります。

**単位当たりの値段×数量＝代金**

ですから、この場合

| 1ℓの値段 | × | 全体の量 | ＝ | 代金 |

500 × 3.5 ＝ 1750（円）

# ❾ 19人に配れて、1.5mあまります。

58.5÷3＝19.5
です。
これは、19人に配れるけれど、20人には配れないことを意味します。
そこで、19人に配ると、

19×3＝57（m）

57m必要です。
残りは

58.5－57＝1.5（m）

であることがわかります。

❿ つぎの計算で、□と○ではどちらが大きいですか？（□と○は正の整数とします）

1) □×1.5=○

2) 2.2×□=○

3) □×0.35=○

4) 0.9×□=○

⓫ つぎの計算で、□と○ではどちらが大きいですか？（□と○は正の整数とします）

1) □÷0.8=○

2) □÷2=○

3) □÷○=5

4) □÷○=0.5

**❿** 1）〇
2）〇
3）□
4）□

ある数に1より大きい数をかけると、答えはもとの数より大きくなります。
逆に、1より小さい数をかけると、答えはもとの数より小さくなります。

**⓫** 1）〇
2）□
3）□
4）〇

ある数を1より小さい数で割ると、もとの数より大きくなります。
1より大きい数で割ると、もとの数より小さくなります。
□÷〇＝5は、〇×5＝□ですから、□の方が大きいということです。
□÷〇＝0.5は、〇×0.5＝□ですから、〇の方が大きくなります。

⓬ つぎの計算をしてください。

1) $2.4-(0.8-0.4)\times6=$

2) $1.5\times(1.3+0.7)-(1.4-0.4)\times1.5=$

3) $125\times4.56-25\times4.56=$

4) $25\times2.55+75\times2.55=$

⓭ つぎの計算をしてください。

1) $32.5-3.5\times2-1.5\div3=$

2) $(16.5\times4.2-42)\div4.2=$

3) $15\div3-7.5\div3=$

4) $75\div0.5-25\div0.5=$

**⓬** 1) **0**
   2) **1.5**
   3) **456**
   4) **255**

四則計算は、( )の中、かけ算・わり算、たし算・ひき算の順で行います。

**⓭** 1) **25**
   2) **6.5**
   3) **2.5**
   4) **100**

❶ あるスポーツ店では、仕入れ値段が4000円の シューズに仕入れ値段に対して20%の儲けを 見込んで定価をつけましたが、なかなか売れな いので定価の20%引きで売ることにしました。 次のうち正しいものをすべて答えてください。

①スポーツ店は損をする。

②スポーツ店は得をする。

③スポーツ店は損も得もしない。

④定価の15%引きで売れば、 　スポーツ店は得をする。

**⓮ ①、④**

仕入れ値4000円のシューズに20%の儲けを見込んでつけた定価は、

4000×0.2＝800だから、4800円。

それを20%引で販売するときの売値は、

4800×0.8＝3840（円）

したがって、仕入れ値を下回り、スポーツ店は損をすることになります。

もし、15%引きにすれば、

4800×0.85＝4080（円）ですから、利益を得ることができます。

# 第4章

# 分 数 編

❶ $\dfrac{3}{5}$ と $\dfrac{3}{6}$ では、どちらが大きいですか?

❷ $\dfrac{4}{5}$ と $\dfrac{7}{9}$ では、どちらが大きいですか?

❸ $\dfrac{1}{2}$ と等しい分数はどれですか?

$\dfrac{2}{5}$ 、 $\dfrac{1}{4}$ 、 $\dfrac{3}{6}$ 、 $\dfrac{5}{7}$ 、 $\dfrac{4}{8}$

❹ $\dfrac{48}{60}$ を約分してください。

第4章 分数編

**❶** $\dfrac{3}{5}$

分母が異なる分数で分子が等しい場合、分母が小さい分数の
ほうが大きな数になります。

**❷** $\dfrac{4}{5}$

分母と分子が異なる場合は通分してみましょう。
$\dfrac{4}{5} = \dfrac{36}{45}$ 、 $\dfrac{7}{9} = \dfrac{35}{45}$

**❸** $\dfrac{3}{6}$ 、 $\dfrac{4}{8}$

**❹** $\dfrac{4}{5}$

$$\overset{\div 2}{\dfrac{48}{60}} \rightarrow \overset{\div 2}{\dfrac{24}{30}} \rightarrow \overset{\div 3}{\dfrac{12}{15}} \rightarrow \dfrac{4}{5}$$
$$\underset{\div 2}{\phantom{\dfrac{48}{60}}} \quad \underset{\div 2}{\phantom{\dfrac{24}{30}}} \quad \underset{\div 3}{\phantom{\dfrac{12}{15}}}$$

❺ 12の約数をすべてみつけてください。

❻ 17の約数をすべてみつけてください。

❼ 24と36の最大公約数を求めてください。

# ❺ 1, 2, 3, 4, 6, 12

ある数を割り切ることができる整数を約数といいます。
12を1から12までの整数で割ってみましょう。12自身も約数です。

# ❻ 1, 17

1から17までで割っても1とその数自身しか約数が見つかりませんでした。このような数を素数といいます。

# ❼ 12

いくつかの整数に共通な約数を、それらの整数の公約数といい、
公約数のうち、いちばん大きい公約数を最大公約数といいます。
最大公約数を求めるには連除法を使うと便利です。

**連除法**

```
2) 24  36
2) 12  18
3)  6   9
    2   3
```

タテの数字をかける
2×2×3＝12
**最大公約数**

**❽ つぎの分数を約分してください。**

1) $\dfrac{15}{18}$

2) $\dfrac{21}{35}$

3) $\dfrac{12}{60}$

4) $\dfrac{26}{65}$

**❾ つぎの分数を通分してください。**

1) $\left( \dfrac{3}{10} 、 \dfrac{4}{15} \right)$

2) $\left( \dfrac{5}{12} 、 \dfrac{7}{8} \right)$

3) $\left( \dfrac{2}{13} 、 \dfrac{1}{2} \right)$

4) $\left( \dfrac{7}{10} 、 \dfrac{3}{5} \right)$

第4章　分数編

**❽** 1) $\dfrac{5}{6}$

2) $\dfrac{3}{5}$

3) $\dfrac{1}{5}$

4) $\dfrac{2}{5}$

分子と分母を同じ数で割って、簡単な分数にすることを約分といいます。

（例）$\dfrac{15\,(\div 3)}{18\,(\div 3)} = \dfrac{5}{6}$

---

**❾** 1) $\dfrac{9}{30}$ 、 $\dfrac{8}{30}$

1) の場合

$\dfrac{3}{10} = \dfrac{6}{20} = \dfrac{9}{30} = \dfrac{12}{40} = \dfrac{15}{50}$

2) $\dfrac{10}{24}$ 、 $\dfrac{21}{24}$

$\dfrac{4}{15} = \dfrac{8}{30} = \dfrac{12}{45} = \dfrac{16}{60} = \dfrac{20}{75}$

この中から同じ分母を
選びます。

3) $\dfrac{4}{26}$ 、 $\dfrac{13}{26}$

4) $\dfrac{7}{10}$ 、 $\dfrac{6}{10}$

通分とは、いくつかの分数のそれぞれに等しい分数の集合の中から分母の共通な分数を選び出すことをいいます。

❿ マッチ棒3本で正三角形を作るとき、三角形をひとつ増やすごとにマッチ棒は3本、6本、9本と増えていきます。

同じように、マッチ棒4本で正方形をつくるとき、正方形をひとつ増やすごとにマッチ棒は4本、8本、12本と増えていきます。

では、同じ本数で三角形も四角形もマッチ棒を余さずにできるのは何本のときでしょう？ 小さい数から3つ答えてください。

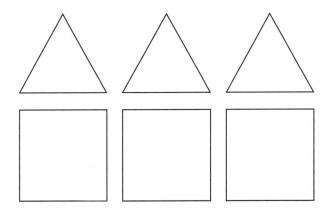

# ❿ 12本、24本、36本

ある数を整数倍してできる数を、もとの整数の倍数といいます。いくつかの整数に共通な倍数を、それらの整数の公倍数といいます。ですから、これは3と4の公倍数を求める問題です。

| 3の倍数 | 3 | 6 | 9 | **12** | 15 | … |
|---|---|---|---|---|---|---|
| 4の倍数 | 4 | 8 | **12** | 16 | 20 | … |

このようにして、最小公倍数12がわかれば、あとは簡単ですね。

**⓫** 駅からバスは12分おきに、電車は15分おき
に発車します。

午前10時にバスと電車が同時に発車しました。
つぎにバスと電車が同時に発車するのは何
時何分ですか?

# ⓫ 午前11時

数直線で考えると、

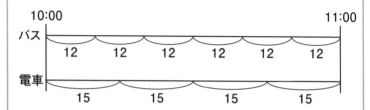

公倍数のうち、いちばん小さい公倍数を最小公倍数といいます。
つまりこの問題は、12と15の最小公倍数を求めればよいのです。

$$3) \underline{\quad 12 \quad 15 \quad} \qquad 3×4×5＝60 \quad 60分後$$
$$\qquad\quad 4 \quad\;\; 5$$

（最小公倍数を求めるときはL字にかけます）

⓬ たて48cm、横60cmの長方形の台紙に、同じ大きさの正方形の色紙を敷きつめます。敷きつめる枚数がいちばん少なくてすむのは、1辺が何cmの色紙ですか?

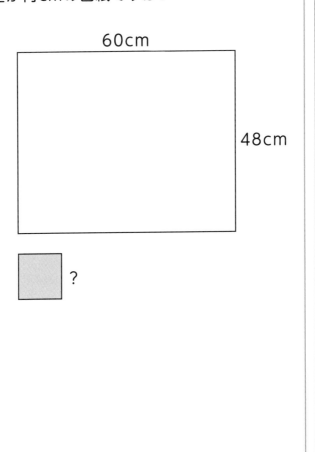

60cm

48cm

?

# ⓬ 12cm

敷きつめることができる正方形の1辺の長さは、48と60の両方を
割り切ることができる長さです。

つまり、48と60の公約数です。この中から最大公約数を見つけ
ましょう。

```
  2) 48  60
  2) 24  30
  3) 12  15
      4   5
```

2×2×3＝12
最大公約数

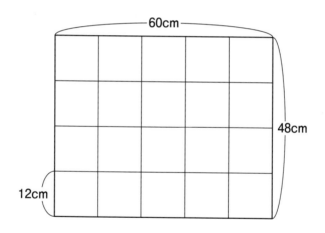

❸ さくらんぼ48個とくり36個を、あまりが出ないようにそれぞれ同じ数ずつ、できるだけ多くの人に分けるとすると、何人に分けることができますか?

# ❸ 12人

あまりが出ないようにということは、分ける人数で48と36の両方が割り切れるということになります。

|  | さくらんぼ | くり |
|---|---|---|
| 1人のとき | $48÷1＝48$個 | $36÷1＝36$個 |
| 2人のとき | $48÷2＝24$個 | $36÷2＝18$個 |
| 3人のとき | $48÷3＝16$個 | $36÷3＝12$個 |
| 4人のとき | $48÷4＝12$個 | $36÷4＝9$個 |
| 5人のとき | $48÷5＝×$分けられない | $36÷5＝×$分けられない |

1人から4人まではさくらんぼもくりも同じ数ずつ分けることができます。けれど、できるだけ多くの人という条件に反します。そこで最大公約数を求めればいいことがわかります。

```
  2) 48  36
  2) 24  18
↓ 3) 12   9
      4   3
```

$2×2×3＝12$
最大公約数

❶ 1mあたり、$\frac{2}{3}$kgの金属のぼうがあります。

　このぼうが1.5mのとき、重さは何kgですか?

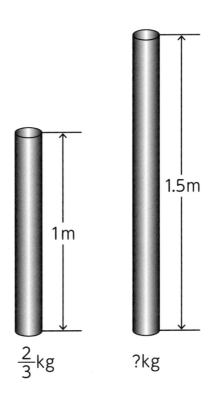

# ❶ 1kg

$\boxed{1\text{mの重さ}} \times \boxed{長さ} = \boxed{全体の重さ}$ になります。

したがって、

$1.5\text{m} = \dfrac{3}{2}\text{m}$ ですから、

$\dfrac{2}{3} \times \dfrac{3}{2} = 1\,(\text{kg})$

で求めることができます。

❺ 今、兄が財布の中に6500円持っています。

弟はその $\frac{6}{5}$ 倍持っていました。

弟が持っているのはいくらですか?

# ❶❺ 7800円

$6500 \times \dfrac{6}{5} = 7800$（円）

もし、弟が2倍持っていたとすれば、
6500円×2で求めることができます。
このように○倍というときは、元になる数に倍数をかければよいと
いうことがわかります。

❶❻ 太郎さんは壁を塗っています。

1日目に全体の $\frac{1}{3}$ を塗り、2日目は全体の $\frac{4}{9}$ を塗り、3日目に20㎡を塗って完成させました。

太郎さんが塗った壁は全体で何㎡ですか？

$\frac{1}{3}$　　　　$\frac{4}{9}$　　　20㎡

# ⓰ 90㎡

1日目と2日目に塗った部分を計算します。

$$\frac{1}{3} + \frac{4}{9} = \frac{3}{9} + \frac{4}{9} = \frac{7}{9}$$

すると、3日目の20㎡は全体の $\frac{2}{9}$ に当たることがわかります。

だから、

$$20 \div \frac{2}{9} = 20 \times \frac{9}{2} = 90 \ (\text{m}^2)$$ で求めることができます。

第5章

# 文章題

❶ ひろこさんは、家から学校へ自転車ででかけました。3分後、ひろこさんの忘れ物に気がついたお父さんが、ひろこさんと同じ道を自動車で追いかけました。

ひろこさんの自転車の速さは分速300mです。

お父さんの自動車の速さは分速750mです。

1) お父さんが家を出たときに、ひろこさんが進んでいた道のりは何mですか?

2) お父さんが家を出てからの1分間に、2人が進む道のりはそれぞれ何mですか?

3) お父さんが家を出てからひろこさんに追いつくのは何分後ですか?

# ❶ 1）750m

ひろこさんは、分速250mで進むので、250×3＝750（m）

## 2）お兄さん　500m
## 　ひろこさん　250m

## 3）3分後

お兄さんはひろこさんに、1分間で250m追いつきます。
お兄さんが家を出たとき、ひろこさんとお兄さんの道のりの差は750mだったので、

750÷250＝3となります。

したがって、3分後にお兄さんはひろこさんに追いつきます。

### 旅人算
2つ以上の物や人が出会ったり追いついたりするときの速さ、時間、道のりを求める問題を旅人算といいます。

❷ 長さ125mの秒速20mで進む列車が、鉄橋を通過するのに28秒かかりました。
鉄橋の長さは何mですか?

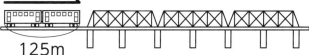

❸ よしおさんの12年後の年齢は10年前の3倍です。
よしおさんは、現在何歳ですか?

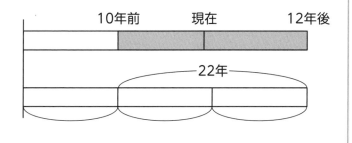

# ❷ 435m

秒速20mの列車が28秒で進む距離は、

$20 \times 28 = 560 \,(\mathrm{m})$

鉄橋を通過するのに、列車が動く距離は、「列車の長さ+鉄橋の長さ」です。
ですから、この距離から列車の長さを引くと、

$560 - 125 = 435 \,(\mathrm{m})$ となります。

### 通過算
列車などが鉄橋、踏切、トンネルなどを通過したり、列車同士がすれ違ったり、追い越したりするときの、列車の速さや長さ、時間などを求める問題を通過算といいます。

# ❸ 21歳

10年前の年齢を1とすると、12年後の年齢は3倍になります。
現在を中心に年齢の差を考えると、

$10 + 12 = 22 \,(歳)$

この22歳が10年前の年齢の2倍に当たりますから、

$22 \div 2 = 11 \,(歳)$

10年前の年齢が11歳であるとわかります。
ですから現在は、

$10 + 11 = 21 \,(歳)$ となります。

### 年齢算
人の年齢差と年齢の割合などから、年齢や年齢の関係、ある状況になるのは何年後か、などを求める問題を年齢算といいます。

❹ 消しゴムは、鉛筆より20円高いそうです。消しゴム2個と鉛筆3本を買ったら440円でした。消しゴム1個と鉛筆1本はそれぞれいくらですか？

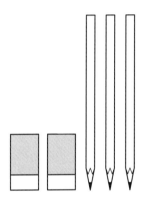

# ❹ 消しゴム100円、鉛筆80円

絵に描いて考えましょう。
消しゴムは鉛筆より20円高い。

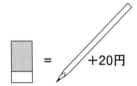

消しゴム2個と鉛筆3本で440円

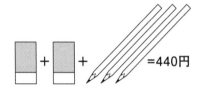

消しゴムを鉛筆に置き換えると

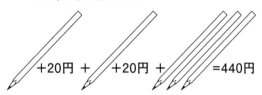

したがって、

鉛筆5本で400円になることがわかるので、400÷5=80（円）
鉛筆1本は80円です。よって、消しゴムは100円だとわかります。

**❺** 校庭の片側60mに、6mずつ離して木を植えます。

木は何本必要ですか?

# ❺ 11本

60mに6mずつ離して木を植えた場合を絵に描いて考えましょう。

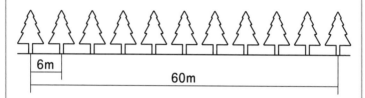

6mずつ離して植えると、10本でいいように思います。ところが木は両端にも植えなくてはならないので、間の数よりも1本多く必要です。
したがって、木の本数は

10＋1＝11（本）となります。

### 植木算
一定の間隔で立っている植木や電柱の本数、間の距離、全体の距離などを答える問題を植木算といいます。
植木が一直線に並んでいるときと、円形に並んでいるときでは間の数が違います。

**❻** CDショップで、国内盤と輸入盤のCDを1枚ずつ買って4800円払いました。国内盤は輸入盤より200円安いそうです。

それぞれのCDの値段はいくらですか？

**❼** いちろうさんと弟の持っているお金は合わせて3600円です。

いちろうさんは、弟の持っているお金の2倍よりも300円多く持っています。

いちろうさんと弟の持っているお金はそれぞれいくらですか？

## ❻ 国内盤2300円、輸入盤2500円

図を描いて考えましょう。

| | | | 4,800円 |
|---|---|---|---|

2枚とも国内盤ならCD2枚で4800円より200円安いことがわかります。

したがって、

（4800－200）÷2＝2300（円）

輸入盤はそれより200円高いから

2300＋200＝2500（円）

### 和差算
異なる数量の和と差を用いて、それぞれの数量を求める計算を和差算といいます。

## ❼ いちろうさん2500円、弟1100円

図で考えましょう。
弟の持っているお金を1とします

弟　　　　　⬜︎
いちろうさん　⬜︎⬜︎⬜︎ 300円

したがって、弟の持っているお金は、

（3600－300）÷3＝1100（円）

となります。

### 分配算
ある数量を分配するときに、分配する量の和や差、倍数によって、個々の取り分を決める計算を分配算といいます。

❽ 碁石を正方形に敷きつめました。すると一番
外側の碁石の数は20個でした。
1辺の碁石の数はいくつですか?

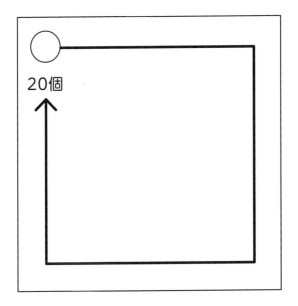

20個

## ❽ 6個

図に描いて考えましょう。

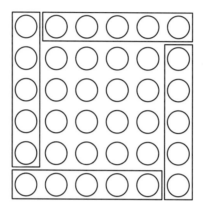

周囲の碁石の数が20個ですから、1辺はその $\frac{1}{4}$ 、つまり5個になりそうですが、図からわかるように、1辺の石は $\frac{1}{4}$ より1多い数になっています。
したがって、

20÷4+1＝6（個）となります。

### 方陣算
人や物を方陣に並べて、その1辺の数や外側の数、全体の数などを求める計算を方陣算といいます。一般に次の方法で計算します。

○ 碁石を敷きつめた方陣の場合。
① 全体の数＝1辺の数×1辺の数
② 外側の数＝（1辺の数−1）×4
③ 1辺の数＝外側の数÷4+1

❾ ノートと鉛筆を買いました。鉛筆はノートの $\frac{3}{5}$ の値段で、合計で360円でした。
ノートと鉛筆はそれぞれいくらですか?

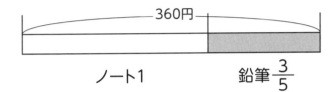

ノート1　　　　　　　鉛筆 $\frac{3}{5}$

# ❾ ノート225円　鉛筆135円

ノートの値段を1とすると、鉛筆の値段は $\frac{3}{5}$

つまり $(1+\frac{3}{5})$ が360円になります。

したがって、ノートの値段は、

$360 \div 1\frac{3}{5} = 225$（円）

鉛筆の値段は、

$360 - 225 = 135$（円）

**もとにする量＝割合にあたる量÷割合**

で求めることができます。

## 相当算
ある数と割合が分かっているときに、もとの数を求める問題を相当算といいます。

❿ つるとかめが合わせて9匹います。足の数は合わせて26本です。

つるとかめはそれぞれ何匹いるでしょう。

つるの足は2本、かめの足は4本です。

（つるは1羽、2羽と数えますが、ここでは匹としています。）

# ❿ つる5匹　かめ4匹

9匹が全てつるだと仮定すると、足の数は

9×2＝18　18本となります。

実際は26本ですから、

26－18＝8　8本たりません。

つるとかめの足の本数の差は1匹につき2本ですから、たりない8本はかめの分ということになります。
したがって、

8÷2＝4　かめの数は4匹

9－4＝5　つるの数は5匹

## つるかめ算
つるとかめのように、異なる足の数を持つ動物の頭の数と足の数の合計が分かっているときに、それぞれの匹数を求める問題です。一般に次の方法で解くことができます。

全体をつると仮定すると、

かめの匹数＝（実際の足の数－頭の数×2）÷2

全体をかめと仮定すると

つるの匹数＝（匹数の合計×4－足の数）÷2

❶ ミカンを何人かの子どもたちに配ります。1人に5個ずつ配ると8個あまり、7個ずつ配ると2個不足します。

子どもの人数とミカンの数を求めてください。

（5個ずつ配る）

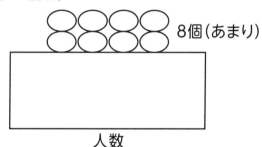

8個（あまり）

人数

（7個ずつ配る）

2個（不足）

人数

# ⓫ 子ども5人　ミカン33個

5個ずつ配ると8個あまり、7個ずつ配ると2個不足するということから、配る個数を2個増やすと全体で10個の差が出ることがわかります。

つまり、1人2個の差が、ミカンの個数10個に当たるということです。

したがって、

10÷2＝5

子どもの数は5人です。

ミカンの数は、

5×5＋8＝33　33個になります。

## 過不足算

ある物を何人かで分配するときに、1人の数量や分配後のあまりまたは不足などから全体の数量や人数を求める問題を過不足算といいます。

一般的に、

**全体の差÷1人分の数量の差＝人数**

で求めることができます。

❶ 壁にペンキを塗るのに、Aさん1人では6日、
Bさん1人では9日かかります。

Aさんとβさんが一緒に塗ると何日で仕上が
りますか?

$\dfrac{1}{6}$

Aさん

$\dfrac{1}{9}$

Bさん

# ⑫ 3日と$\frac{3}{5}$日

Aさんは1人で6日かかるから、1日の仕事量は、

$1 \div 6 = \frac{1}{6}$

Bさんは1人で9日かかるから、1日の仕事量は、

$1 \div 9 = \frac{1}{9}$

したがって、2人でするときの仕事量は、

$\frac{1}{6} + \frac{1}{9} = \frac{5}{18}$

したがって、仕事を仕上げるためにかかる日数は、

$1 \div \frac{5}{18} = \frac{18}{5} = 3\frac{3}{5}$

## 仕事算

単位日数や単位時間にできる仕事の量や、仕上げるのにかかる
日数や時間を求める問題を仕事算といいます。

**単位時間にする仕事の量**

$$= \frac{1}{(Aが仕上げるのにかかる時間(日)数)} + \frac{1}{(Bが仕上げるのにかかる時間(日)数)}$$

**仕上げるのにかかる時間数**

$$= \frac{1}{(Aが単位時間にする仕事量 + Bが単位時間にする仕事量)}$$

で求めることができます。

❸ ある井戸に一定の割合で水がわき出てきています。この井戸がいっぱいになってから、水をポンプ4台でくみ出すと36分、5台でくみ出すと28分かかります。

ポンプ11台では何分かかりますか?

ポンプ4台で36分

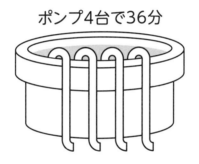

ポンプ5台で28分

# ⓭ 12分

ポンプが1分でくみ出す水の量を1とします。

ポンプ4台が36分にくみ出す水の量は

$1 \times 4 \times 36 = 144$

ポンプ5台が28分でくみ出す水の量は

$1 \times 5 \times 28 = 140$

この水槽に1分間に水が入ってくる量は

$(144 - 140) \div (36 - 28) = 0.5$

水槽いっぱいの水の量は、

$144 - 0.5 \times 36 = 126$　となります。

ポンプ11台がくみ出すのにかかる時間は、

$126 \div (11 - 0.5) = 12$（分）となります。

**ニュートン算**
一方は増加し、他方は減少することによる数量の変化を求めたり、それに要する時間を求める問題をニュートン算といいます。

**最初にある量÷（一定時間に減少する量－一定時間に増加する量）**

などによって求めることができます。

❹ よしおさんの会社は16階にあります。出社するとき、エレベーターが1階から6階まで6秒かかりました。

6階から16階まで行くには、何秒かかりますか?

❺ 春子、夏子、秋子、冬男、年雄の5人兄姉がいます。

次の4つのヒントから5人の年齢の順番を考えてください。

①夏子と年雄は1才違いです。

②年雄は春子より年下ですが最年少ではありません。

③秋子は春子より年上ですが一番年長ではありません。

④春子は冬男より年下です。

# ⓮ 12秒

1階から6階までの間は、5つしかありません。
だから、エレベーターが1階上がるのに必要な時間は

6÷5＝1.2（秒）

6階から16階までは間が10あるので、

1.2×10＝12（秒）となります。

# ⓯ 冬男、秋子、春子、年雄、夏子の順番です。

③と④より、冬男と秋子は春子より年上であるとわかります。
②で年雄は春子より年下だとわかりますが、さらに年下の人が
いるとすると夏子しかいません。
したがって③と④より、冬男が最年長となります。

⓰ あるクラスで子どもたちの習っているものを調べたところ、$\frac{1}{3}$ がピアノを習っていて、$\frac{1}{4}$ が水泳を習っていました。どちらも習っていない人は15人いました。

1)このクラスは何人いますか?

2)ピアノと水泳を両方習っている人は何人いますか?

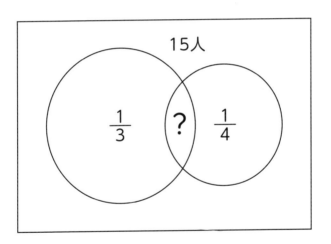

# ⑯ 答えは2通り

## 1）36人　2）0人
## 1）24人　2）5人

$\frac{1}{3}$、$\frac{1}{4}$がちょうど割りきれる数なので、このクラスは3と4の倍数であることがわかります。つまり12の倍数です。

12人とすると、どちらも習っていない人が15人いますので、違います。

24人とすると、ピアノを習っている人が8人、水泳を習っている人が6人になります。

8+6+15-24=5（人）

ピアノと水泳両方習っている人は5人になります。

36人とすると、ピアノを習っている人が12人、水泳を習っている人が9人になります。

12+9+15-36=0

両方習っている人はいません。

48人とすると、ピアノを習っている人が16人、水泳を習っている人が12人になります。

どちらも習っていない人が15人ですので、計43人しかならず、48人ではありません。

**⓱** 春男さん、夏夫さん、秋彦さんの3人が交代

しながら、全部で2時間テニスをしました。

テニスをしていた時間は、春男さんが80分、

夏夫さんが70分、秋彦さんが90分です。

春男さんと秋彦さんが対戦していた時間は

何分ですか?

## ❿ 50分

春男さんは80分、秋彦さんは90分テニスをしています。春男さんと秋彦さんが一緒にテニスをした時間は同じですから、秋彦さんと夏夫さんが一緒にテニスをした時間は、春男さんと夏夫さんがテニスをした時間より10分多いことがわかります。

したがって、

(70−10)÷2=30（分）

夏夫さんは、春男さんと30分、秋彦さんと40分テニスをしました。したがって春男さんと秋彦さんがテニスをしたのは、

90−40=80−30=50（分）

⓲ 次のように、連続した5つの奇数の組を順に

作って、それぞれ5つの数の和を求めます。

和が225になるのは、どんな奇数から始まる

ときですか?

(1, 3, 5, 7, 9)

(3, 5, 7, 9, 11)

(5, 7, 9, 11, 13)

⋮

# ⓫ 41

連続した5つの奇数なので、その平均を取ると真ん中の数になります。つまり、その5つの数の和は、真ん中の数に5をかけたものです。
したがって、
和が225になるときは、

225÷5＝45

45が真ん中の数になります。つまり(41, 43, 45, 47, 49)
よって41から始まります。

❶⓿ けいこさんが、川をボートで渡りたいと思っています。けいこさんはペットのイヌとネコとハムスターを連れています。

けれど川を渡るためには一度に一匹しか連れて行くことができません。

イヌとネコを同じ岸に残すと、イヌがネコをかんでしまいます。

ネコとハムスターを同じ岸に残すと、ネコはハムスターをかんでしまいます。

けいこさんは、どうやったら全部のペットを向こう岸に連れて行くことができますか？

⓴ 1～100までたすといくつになりますか？

1+2+3+4+5+6+7+8+……………+98+99+100=?

**⑲** ①けいこさんがネコを連れて渡り、
　1人で戻ってくる。

②つぎにイヌを連れて渡り、
　ネコを連れて戻ってくる。

③ハムスターを連れて渡り、
　1人で戻ってくる。

④ネコを連れて渡る。

**⑳ 5050**

1から100まで50で折り返して以下のように並べます。

```
    1＋ 2＋ 3＋ 4＋ 5＋ 6＋ 7＋ 8＋…………＋49＋50
＋)100＋99＋98＋97＋96＋95＋94＋93＋…………＋52＋51
```

上の列と下の列を各々たしてみると101が50個できます。

そこで、101×50＝5050となります。

これは、近代数学の父と呼ばれるカール・フリードリッヒ・ガウスが
小学校時代に即座に解答した問題として有名です。

# 図 形

❶三角形の折り紙を使って、三角形の内角の和が180度になることを証明してください。

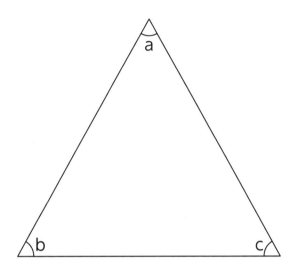

# ❶ 折ってみると直線になります。

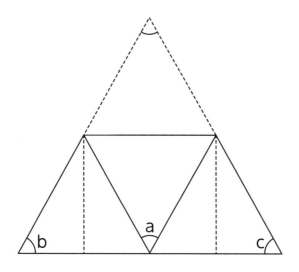

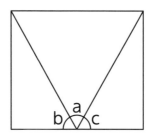

頂点aを底辺に合わせて折ります。
頂点bと頂点cをaに合わせると一直線になります。
一直線は180°です。

❷ 1) 四角形の4つの内角の和は何度ですか?

2) 五角形の5つの内角の和は何度ですか?

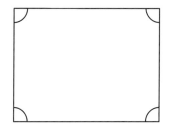

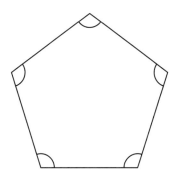

❷ 多角形の内角の和は、三角形の内角の和が180°であること
を利用して求めます。

## 1) **360°**

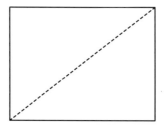

三角形の内角2個分だから、

180×2＝360 (°)

## 2) **540°**

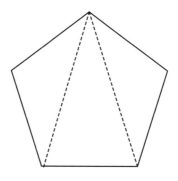

三角形の内角3個分だから、

180×3＝540 (°)

❸ 次の図を見て答えてください。

　線分AとB、CとDはそれぞれ平行です。

　∠あ、∠い、∠う はそれぞれ何度ですか？

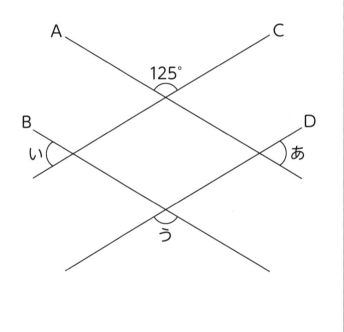

**❸** ∠あ=55°
　∠い=55°
　∠う=125°

線分A∥Bなので
125°＋∠い=180°
　　∠い=180°−125°=55°

同様に
線分C∥Dより
　　∠あ=55°……①

線分A∥Bと①を利用して
　　∠う=125°

❹ 次の図の2重線の角の大きさを求めてください。

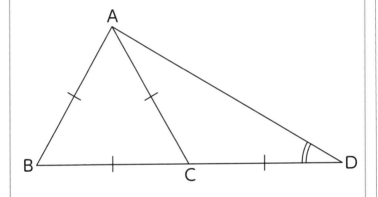

# ❹ 30°

△ABCは正三角形。

だから∠C=60°

∠ACD=120°

△ACDは二等辺三角形だから、底角は等しい。

したがって

(180−120)÷2＝30(°)

**❺** 次の角度を求めてください。

（線分ABと線分CDは平行です。）

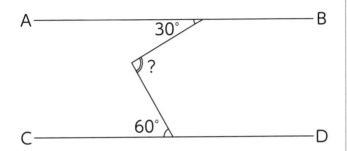

**❻** 次の角度を求めてください。

（線分ABと線分CDは平行です。）

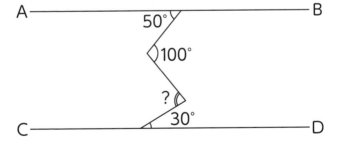

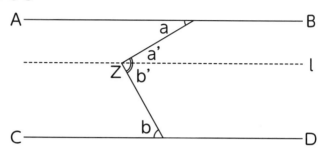

線分AB、CDと平行に線分lを引きます。
すると∠a＝∠a'
　　∠b＝∠b'
よって、求める角は∠a＋∠bとなります。

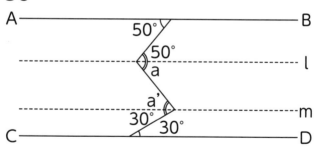

線分AB、CDと平行に線分l、mを引きます。
ABと線分lは平行だから、
∠a＝100－50＝50（°）
線分lと線分mは平行だから、
∠a'＝∠a
よって求める角の大きさは、50＋30＝80（°）

❼ 下の星形の内角、アからオの和は何度ですか？

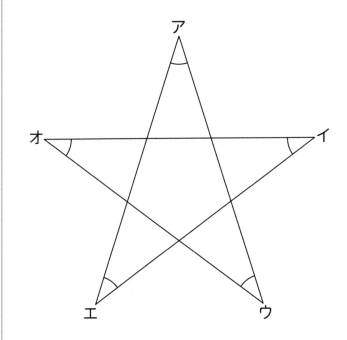

# ❼ 180°

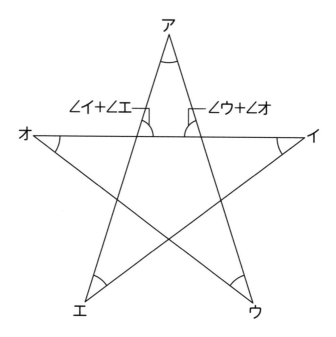

三角形の外角を利用すると、

∠ア+∠イ+∠ウ+∠エ+∠オは、ひとつの三角形に集めることが
できます。

すると三角形の内角の和になるので、

∠ア+∠イ+∠ウ+∠エ+∠オ=180（°）

❽ 次の三角形の中から、互いに合同な三角形と互いに相似な三角形を探して、記号で答えてください。

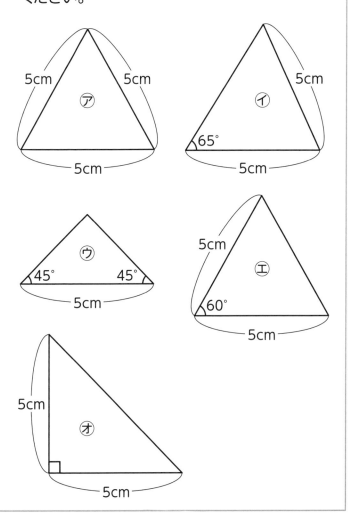

# ❽ 合同……㋐ と ㋓
## 相似……㋒ と ㋔

### 合同
平面上の2つの図形を重ね合わせることができるとき「2つの図形は合同である」といいます。

### 相似
1つの図形を形を変えずに一定の割合で拡大したり縮小したものを「元の図形と相似である」といいます。

❾ 次の図形の二重線で示した角の大きさを
求めてください。

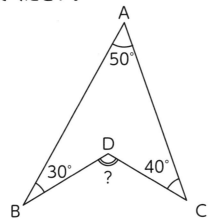

❿ 次の図形の二重線で示した角の大きさを
求めてください。

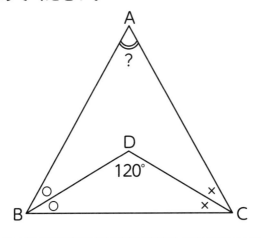

**❾ 120°**

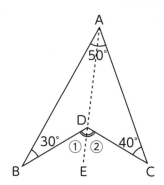

AからDを通る線分を引きAEとします。

∠BDE＝∠B＋∠BAE…①

∠CDE＝∠C＋∠CAE…②

∠BAE＋∠CAE＝∠A…③

①、②、③より

∠BDC＝∠BDE＋∠CDE＝∠A＋∠B＋∠C

**❿ 60°**

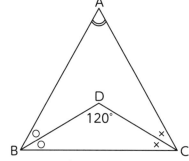

三角形BDCにおいて、三角形の内角の和は180°だから、

$$\frac{1}{2}∠B＋\frac{1}{2}∠C＝180－120＝60…①$$

両辺に2をかけると

∠B＋∠C＝120…②

三角形ABCにおいて②より

∠A＝180－120＝60（°）

❶ 次の図形の面積を求めてください。

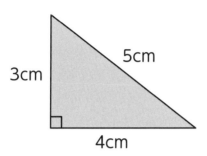

❷ 次の図形の面積を求めてください。

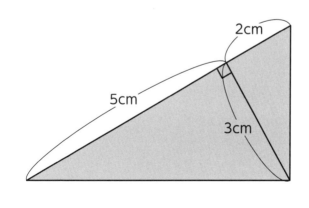

**⑪ 6cm²**

底辺×高さ÷2より

4×3÷2=6（cm²）

**⑫ 10.5cm²**

底辺を一番長い辺と考えます。

（2＋5）×3÷2=10.5（cm²）

⑬ 次の図形の色が着いた部分の面積を求めてください。

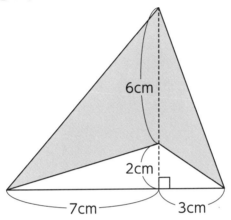

6cm

2cm

7cm

3cm

⑭ 次の図形の色が着いた部分の面積を求めてください。

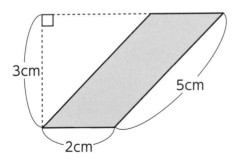

3cm

5cm

2cm

**⓭ 30cm²**

「大きな三角形の面積－白い三角形の面積」で求められます。

(7+3)×(8−2)÷2＝30（cm²）

**⓮ 6cm²**

平行四辺形の面積＝底辺×高さ　より

2×3＝6（cm²）

図形から離れていても、底辺と垂直であれば高さです。

**⓯ つぎの四角形の面積を求めてください。**

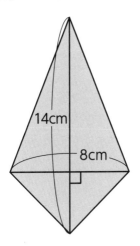

14cm
8cm

**⓰ 次のような花壇があるとき、白い部分の面積を求めてください。**

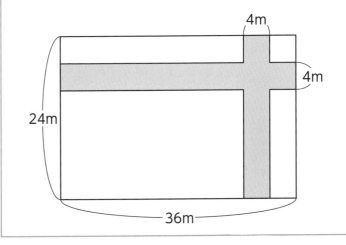

4m
4m
24m
36m

# ⓯ 56cm²

対角線の長さに合わせて
この四角形が入る
長方形を考えます。
すると、四角形の面積は
長方形の面積の
半分だから、

$8×14÷2=56$（cm²）

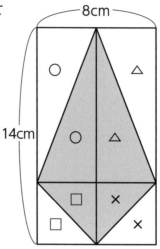

# ⓰ 640m²

道を片側に寄せて考えます。

$(24-4)×(36-4)=20×32=640$（m²）

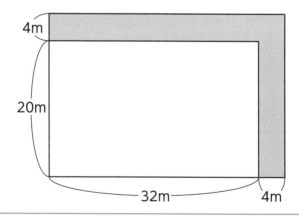

❿ 次のような花壇があるとき、白い部分の面積を求めてください。

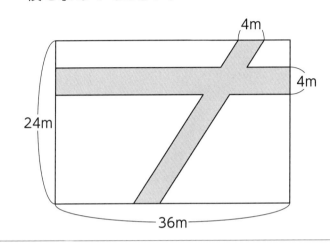

⓲ つぎの図形の白い部分の面積をもとめてください。

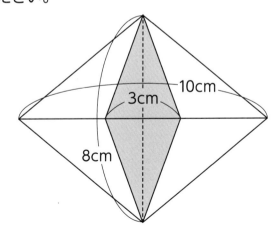

## ❶❼ 640m²

道を片方に寄せて考えます。

平行四辺形は、高さと底辺を変えなければ面積は変わりません。

$(24-4)×(36-4)=640(m^2)$

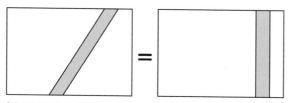

幅が同じなら面積は変わらない。

## ❶❽ 28cm²

ひし形の面積＝対角線×対角線÷2　より

（大きなひし形の面積）−（小さなひし形の面積）で求めます。

$10×8÷2-3×8÷2=28(cm^2)$

⓲ つぎの図形の白い部分の面積を求めてください。

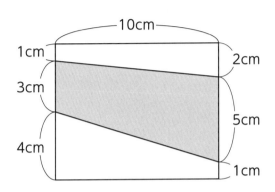

⓴ つぎの図形の白い部分の面積をもとめてください。

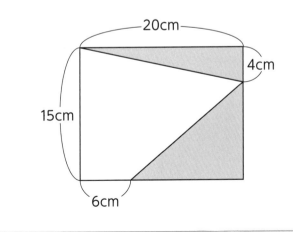

**❶❾ 40cm$^2$**　　色のついた部分を横向きの台形と考えます。

長方形の面積　　8×10＝80（cm$^2$）

台形の面積　　（5＋3）×10÷2＝40（cm$^2$）

求める面積　　80−40＝40（cm$^2$）

（別解）
上下の台形を合わせて1つの台形と考えます。

$\{(4+1)+(2+1)\}×10÷2＝40$（cm$^2$）

**❷⓿ 183cm$^2$**

長方形の面積　　20×15＝300（cm$^2$）

上部の三角形の面積　　20×4÷2＝40（cm$^2$）

下部の三角形の面積　　（20−6）×（15−4）÷2＝77（cm$^2$）

求める面積　　300−40−77＝183（cm$^2$）

**㉑** 直径が10cmの円の円周の長さを求めてください。

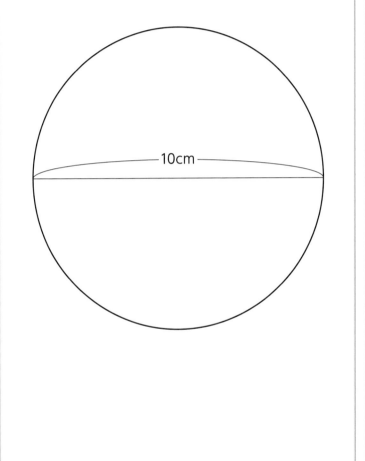

10cm

# ㉑ 31.4cm

10×3.14＝31.4（cm）

円周の長さが直径の長さの何倍になっているかを表す数を、円周率といいます。

円周率は、3.14159……、とかぎりなく続く数ですが、普通は3.14を使います。

ゆとり教育が導入されたとき「円周率＝約3」として計算したこともありますが、最近は教科書も3.14に戻りました。

㉒次の図形の面積を求めてください。

1) 半径10cmの半円

2) 半径10cmの $\frac{1}{4}$ 円

3) $\frac{1}{4}$ 欠けている円。半径は10cm

1)

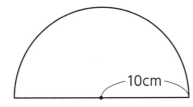

2)

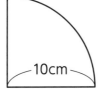

3)

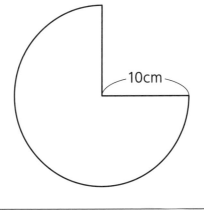

**㉒ 1)157cm²**

$10 \times 10 \times 3.14 \times \dfrac{1}{2} = 157 \, (\text{cm}^2)$

**2)78.5cm²**

$10 \times 10 \times 3.14 \times \dfrac{1}{4} = 78.5 \, (\text{cm}^2)$

**3)235.5cm²**

$10 \times 10 \times 3.14 \times \dfrac{3}{4} = 235.5 \, (\text{cm}^2)$

❷❸ 次のような図形の色のついた部分の周りの
長さを求めてください。

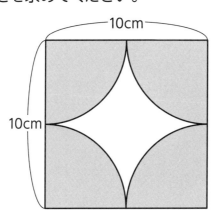

❷❹ 次のような図形の色のついた部分の周りの
長さを求めてください。

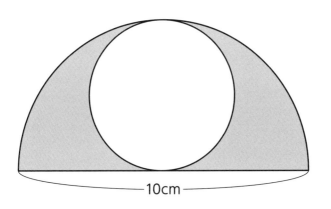

**㉓ 71.4cm**

内側の $\frac{1}{4}$ 円は合わせると1つの円になります。

正方形の周囲の長さ

10×4＝40（cm）

内側の円の円周

10×3.14＝31.4（cm）

したがって

40＋31.4＝71.4（cm）

**㉔ 41.4cm**

大きな半円　10＋（10×3.14÷2）＝25.7（cm）

小さな円　　5×3.14＝15.7（cm）

25.7＋15.7＝41.4（cm）

㉕ 次のような図形の色のついた部分の面積を
求めてください。

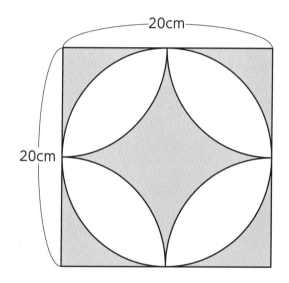

20cm

20cm

# ㉕ 172cm$^2$

まず、2つの図形に分けてみます。

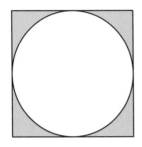 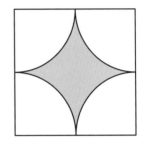

この2つの図形の色のついた部分の面積は、どちらも正方形の面積から円の面積を引いたものです。

したがって、正方形の面積から円の面積を引いた面積の2倍ということがわかります。

正方形の面積　20×20＝400（cm$^2$）

円の面積　　　10×10×3.14＝314（cm$^2$）

（400−314）×2＝172（cm$^2$）

# 第7章

# インド式計算

## インド式計算とは

インドで用いられているという計算方法です。9×9以上の大きな数も工夫によって簡単に計算できるというものです。したがってインド式計算法と呼ばれているものは1つではありません。計算によって様々な方法がありますし、そのバリエーションもたくさんあります。ここではその中から代表的な計算方法を紹介します。インド式計算法を覚えておくと、日常の様々な場面でも応用することができます

**❶ 工夫して計算してください。**

1) 140×5=

2) 642×5=

3) 440×5=

4) 25×5=

**❶** 1) **700**
   2) **3210**
   3) **2200**
   4) **125**

5をかける計算です。

5でかける計算の場合は、10をかけて2で割ると考えます。

1)の例
140×5＝140×10÷2
　　　＝1400÷2
　　　＝700

3)の例
440×5＝440×10÷2
　　　＝4400÷2
　　　＝2200

❷ 工夫して計算してください。

1) $825 \div 5 =$

2) $1250 \div 5 =$

3) $560 \div 5 =$

4) $1200 \div 5 =$

**❷** 1) **165**

2) **250**

3) **112**

4) **240**

5で割る計算です。

| 5で割る計算の場合は、2をかけて10で割ると考えます。 |

1)の例
825÷5=825×2÷10
　　　=1650÷10
　　　=165

3)の例
560÷5=560×2÷10
　　　=1120÷10
　　　=112

❸ 工夫して計算してください。

　　1) 86×25=

　　2) 444×25=

　　3) 560×25=

　　4) 16×25=

**❸** 1) **2150**
2) **11100**
3) **14000**
4) **400**

25をかける問題です。

| 25でかける場合の計算は、100をかけて4で割ると考えます。 |

1)の例
86×25＝86×100÷4
　　　＝8600÷4
　　　＝2150

3)の例
560×25＝560×100÷4
　　　　＝56000÷4
　　　　＝14000

❹ 工夫して計算してください。

1) $1250 \div 25 =$

2) $600 \div 25 =$

3) $1200 \div 25 =$

4) $1500 \div 25 =$

第7章　インド式計算

❹ 1)**50**
  2)**24**
  3)**48**
  4)**60**

25で割る問題です。

| 25で割る場合の計算は、4をかけて100で割ると考えます。 |

1)の例
1250÷25＝1250×4÷100
　　　　＝5000÷100
　　　　＝50

3)の例
1200÷25＝1200×4÷100
　　　　＝4800÷100
　　　　＝48

**❺** 工夫して計算してください。

1) $36 \times 34 =$

2) $45 \times 45 =$

3) $82 \times 88 =$

4) $19 \times 11 =$

**❺** 1) **1224**
   2) **2025**
   3) **7216**
   4) **209**

10の位が同じ数字で、1の位の数字を足すと10になる計算です。

---

10の位が同じ数字で、1の位の数字をたすと10になる場合の
かけ算は、

① 10の位の数字とそれに1をたしたものをかける。
② その積を100の位と1000の位に書く。
③ 1の位の数字同士をかける。
④ それを1の位と10の位に書く。

これで求めることができます。

---

1)の例
3×(3+1)＝12        6×4＝24
      └→12 │ 24 ←────

3)の例
8×(8+1)＝72        2×8＝16
      └→72 │ 16 ←────

**❻ 工夫して計算してください。**

1) $102×108=$

2) $114×116=$

3) $156×154=$

4) $308×302=$

**❻** 1) **11016**
  2) **13224**
  3) **24024**
  4) **93016**

これも10の位が同じ数で1の位がたして10になる計算の応用です。

1)の例
102×108
10×(10+1)＝110　　　 2×8＝16
      └→110 ｜ 16 ←────┘

3)の例
156×154
15×(15+1)＝240　　　 6×4＝24
      └→240 ｜ 24 ←────┘

❼ 工夫して計算してください。

    1) $17 \times 97 =$

    2) $23 \times 83 =$

    3) $81 \times 21 =$

    4) $79 \times 39 =$

**❼** 1) **1649**

   2) **1909**

   3) **1701**

   4) **3081**

10の位の和が10で、1の位が等しい2桁のかけ算です

---
10の位の和が10で、1の位が等しい2桁のかけ算は、

① 10の位と10の位をかけたものに1の位の数字をたす。

② ①の答えを100の位と1000の位に書く。

③ 1の位の数字同士をかける。

④ それを1の位と10の位に書く

---

1)の例

1×9+7=16 $\quad\quad$ 7×7=49

　　　→16 │ 49 ←

3)の例

8×2+1=17 $\quad\quad$ 1×1=01

　　　→17 │ 01 ←

❽ 工夫して計算してください。

1) 21×19＝

2) 31×29＝

3) 41×39＝

4) 99×101＝

**❽** 1) **399**

2) **899**

3) **1599**

4) **9999**

1の位が0になる数を挟んでいる計算です。

---

1の位が0になる数を挟んでいる計算は、

$(a+b)(a-b)=a^2-b^2$を利用して
2つの真ん中の数を2乗して、1を引きます。

---

1) $20 \times 20 - 1 = 399$
2) $30 \times 30 - 1 = 899$
3) $40 \times 40 - 1 = 1599$
4) $100 \times 100 - 1 = 9999$

**❾ 工夫して計算してください。**

1) $48×52=$

2) $32×28=$

3) $88×92=$

4) $8×12=$

**❾** 1)**2496**

  2)**896**

  3)**8096**

  4)**96**

1の位が0になる数をはさんだ計算です。

---

1の位が0になる数をはさんだ計算は、

$(a+b)(a-b)=a^2-b^2$を利用して

2つの真ん中の数をかけて、4を引きます。

---

1)$50\times50-4=2496$
2)$30\times30-4=896$
3)$90\times90-4=8096$
4)$10\times10-4=96$

❿ 工夫して計算してください。

1) 36×11＝

2) 53×11＝

3) 64×11＝

4) 88×11＝

**❿** 1) **396**

　2) **583**

　3) **704**

　4) **968**

2桁の数に11をかける計算です。

┌─────────────────────────────────────────┐
│ 2桁の数に11をかける計算の場合、 │
│ │
│ かけられる数の10の位の数字｜10の位の数字＋1の位の数 │
│ 字｜1の位の数字 │
│ │
│ と書きます。 │
└─────────────────────────────────────────┘

1)36×11

　　3｜3+6｜6=396

2)53×11

　　5｜5+3｜3=583

3)64×11

　　6｜6+4｜4=704

4)88×11

　　8｜8+8｜8=968

❶ 工夫して計算してください。

1) $21^2$

2) $101^2$

3) $76^2$

4) $26^2$

**⑪** 1) **441**

   2) **10201**

   3) **5776**

   4) **676**

1の位が1、または6の数の2乗の計算です。

(○0+1)$^2$、(○5+1)$^2$として計算します。

1の位が5の数の2乗の計算は、

10の位が同じ数で1の位をたして10のかけ算

の計算をします。

---

1の位が1、または6の数の2乗の計算は、

(x+1)$^2$＝x$^2$＋2x+1を並びかえて

     ＝x$^2$＋{x＋(x+1)}

として計算します。

---

1) (20+1)$^2$＝20$^2$＋(20+21)＝400+41＝441

2) (100+1)$^2$＝100$^2$＋(100+101)＝10000+201＝10201

3) (75+1)$^2$＝75$^2$＋(75+76)＝5625+151＝5776

4) (25+1)$^2$＝25$^2$＋(25+26)＝625+51＝676

❶ 工夫して計算してください。

　1) $29^2$

　2) $49^2$

　3) $34^2$

　4) $54^2$

**⓬** 1) **841**

   2) **2401**

   3) **1156**

   4) **2916**

1の位が9、または4の数の2乗の計算です。

（○0−1）²、（○5−1）²として計算します。

1の位が5の数の2乗の計算は、

10の位が同じ数で1の位をたして10のかけ算

の計算をします。

---

1の位が9、または4の数の2乗の計算は、

$(x-1)^2 = x^2 - 2x + 1$　を並びかえて、

$\qquad = x^2 - \{x + (x-1)\}$

として計算します。

---

1) $(30-1)^2 = 30^2 - (30+29) = 900 - 59 = 841$

2) $(50-1)^2 = 50^2 - (50+49) = 2500 - 99 = 2401$

3) $(35-1)^2 = 35^2 - (35+34) = 1225 - 69 = 1156$

4) $(55-1)^2 = 55^2 - (55+54) = 3025 - 109 = 2916$

# 第8章

# 中学入試レベル編

❶ 次の計算をしてください。

$(879+798+987) \times (354+543+435) \div (32 \times 9) =$

# ❶ 12321

$(879+798+987) \times (354+543+435) \div (32 \times 9)$

$879+798+987=777+888+999$
$354+543+435=333+444+555$

と並びかえることができるので、
$=\{(7+8+9) \times 111\} \times \{(3+4+5) \times 111\} \div (32 \times 9)$

$=\dfrac{24 \times 111 \times 12 \times 111}{32 \times 9}$

$=111 \times 111$
$=12321$

**❷** 次の計算をしてください。

$$\frac{2}{3} \times \left\{ 0.75 - \left( \frac{3}{4} - 0.5 \right) \right\} \div \frac{4}{3} =$$

**❷** $\dfrac{1}{4}$

全部分数にそろえてみましょう。

$\dfrac{2}{3} \times \left\{ \dfrac{3}{4} - (\dfrac{3}{4} - \dfrac{1}{2}) \right\} \div \dfrac{4}{3}$

$= \dfrac{2}{3} (\dfrac{3}{4} - \dfrac{3}{4} + \dfrac{1}{2}) \times \dfrac{3}{4}$

$= \dfrac{2}{3} \times \dfrac{1}{2} \times \dfrac{3}{4}$

$= \dfrac{1}{4}$

❸ 次の（　　）の中に時刻を入れてください。

1時間に2分30秒進む時計があります。
この時計は午後（　　）時（　　）分に12時
50分を指していましたが、その日の午後5時に
ちょうど正しい時刻を指しました。

# ❸ 午後（1）時（OO）分

この時計は、1時間に2分30秒進むということは、正しい時計が60分進むときに62.5分進むということです。

12時50分から5時までは、4時間10分つまり、250分です。

このとき正しい時計は、

**250÷62.5×60＝240（分）進みます。**

5時から240分=4時間さかのぼると、
1時00分です。

❹ 太郎さんが駅で列車を待っています。

2時5分の列車には乗れなかったので、今から4分30秒後にくる次の列車に乗ることにしました。

次の列車の発車時刻は、長針が今の短針の位置に来たときです。

さて、今は何時何分ですか?

# ❹ 2時6分

長針は1分間に

$360 \div 60 = 6 (°)$

進むので、4分30秒後には、

$6 \times 4.5 = 27 (°)$

進みます。
今の短針は、この長針が27°進んだ位置にあるということです。
つまり、今、長針と短針が27°の角をつくっています。

短針は、1分間に

$360 \div 720 = 0.5 (°)$

進みます。

2時ちょうどのとき、長針と短針の角度は、

$360 \div 12 \times 2 = 60 (°)$

になります。
この60°が27°まで縮まるまでの時間を求めればいいのです。

この角度は1分間に$(6-0.5)$°ずつ縮まってきます。
したがって、

$(60-27) \div (6-0.5) = 6 (分)$

今は2時6分です。

❺ 次のような面積が300cm²の長方形ABCDが
あります。

三角形ABEが90cm²のとき三角形CDEの面
積を求めてください。

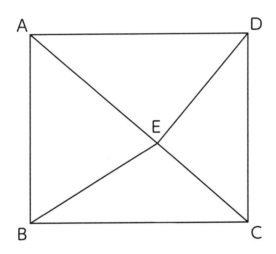

# ❺ 60cm²

長方形のたてを三角形の底辺と見なすと、△ABEと△CDEの高さの和は、長方形の横の辺（AD）に等しくなることがわかります。
よって、

△ABE＋△CDE＝AB×AD÷2

となり、
長方形の面積の $\frac{1}{2}$ ということがわかります。
従って

300÷2－90＝60（cm²）

❻ 次の三角形の面積を求めてください。

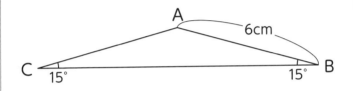

# ❻ 9cm²

△ABCを裏返しにして、線対称の位置に△ABC'をつくります。
線分ABと線分CC'の交点をDとします。

∠ABC=15°、∠ADC=90°なので、
△BCDは75°とわかります。
よって、∠ACDは

**75−15＝60**（°）となります。

∠ACD＝∠AC'D＝60°なので、
△ACC'は、正三角形であることがわかります。

辺CC'＝6cm　　CD=C'Dより、CD=3cm
よって、求める面積は、
辺ABを底辺と考えて、

**6×3÷2＝9**（cm²）

となります。

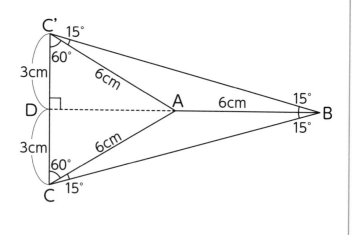

❼ 図1のように分度器と一組の三角定規①と②を重ねました。①を反時計回りに48°回転し、②を時計回りに21°回転させました。すると図2のようになりました。このとき、辺ABは64°の位置にACは177°の位置にあります。では、∠アは何度だったのでしょう。

図1

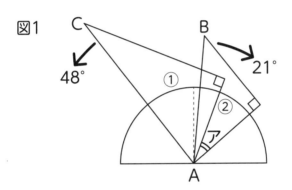

図2

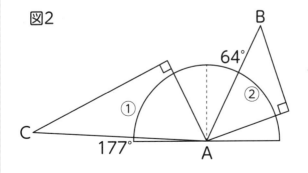

# ❼ 29°

一組の三角定規の角度は下図のように決まっています。

三角定規①の頂点にEを②の頂点にDを決めます。

三角定規②の角∠BADは45°ですから、辺ADは図2では、

64−45＝19（°）の位置になります。

時計回りに21°回転させて19°の位置ですので、図1では、

19＋21＝40（°）となります。

また、三角定規①の角∠CAEは60°ですから、辺AEは図2では、

177−60＝117（°）の位置になります。

反時計回りに48°回転させて117°の位置ですので、図1では、

117−48＝69（°）となります。

したがって、

69−40＝29（°）

となります。

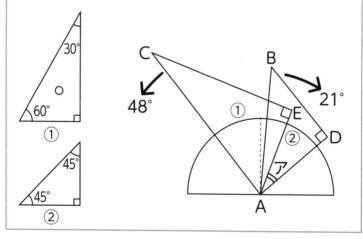

❽「お土産の鈴を3つ買ったらだいたいいくら?」
と聞かれて、お店のおじさんは、合計の値段を
十の位で切り捨てたので「500円」と答え、おば
さんは十の位で四捨五入したので「600円」と
答えました。

鈴は1個いくらでしょう。鈴の値段に10円未満
の端数はありません。

# ❽ 190円

十の位を切り捨てると500円になるのは、

500円、510円、520円、530円、540円、550円、560円、570円、580円、590円。

十の位を四捨五入すると600円になるのは、

550円、560円、570円、580円、590円、600円、610円、620円、630円、640円。

両方を満たし、しかも3で割り切れて10円未満に端数が出ない金額になるのは、570円のみです。

570÷3＝190（円）

❾ 次の文字にあてはまる数を求めてください。

　AからGは、すべて違う数とします。

$$
\begin{array}{r}
\phantom{AC)}\ \ A\ B \\
A\ C\ {\overline{\smash{\big)}\,C\ D\ A}} \\
\underline{A\ C\phantom{\ A}} \\
E\ A \\
\underline{F\ C} \\
G
\end{array}
$$

# ❾ A=1, B=6, C=2, D=0, E=8, F=7, G=9

```
          A B
  A C ) C D A
        A C
        E A
        F C
          G
```

3行目がACですから、
AC×A＝ACということは、
A＝1です。

```
          1 B
  1 C ) C D 1
        1 C
        E 1
        F C
          G
```

2〜4行目、
CD−1C＝E、C−0なので、
Cが1でないことから、C＝2

5、6行目、1−2ですからG＝9

```
          1 B
  1 2 ) 2 D 1
        1 2
        E 1
        F 2
          G
```

5行目は、1の位が2なので、
12×Bは、
12×1と12×6が考えられます。
Bは1ではないので、
B＝6、F＝7とわかります。

```
          1 B
  1 2 ) 2 D 1
        1 2
        E 1
        F 2
          9
```

最後から逆算すると、
9＋72＝81からE＝8
8＋12＝20なので
D＝0と分かります。

```
          1 6
  1 2 ) 2 D 1
        1 2
        E 1
        7 2
          9
```

❿ 研修会のため、6つの班をつくりました。人数は
　すべて異なります。

　班の人数を少ない順にならべたら、連続した
　6つの整数となりました。もっとも人数が少ない
　のは2班でした。

　また、1班と6班、2班と5班、3班と4班の人数
　の和は等しく、

　3班と6班の人数の和より、1班と4班の人数の
　和の方が多く、

　5班と6班の人数の和は、3班の人数の2倍に
　等しくなりました。

　班を人数の少ない順にならべてください。

# ❿ 少ない順に
## 2班、6班、4班、3班、1班、5班

まず、条件を書き出してみましょう。
①最も人数が少ないのが2班。
②1班と6班、2班と5班、3班と4班の人数の和は等しい。
③3班と6班の人数の和より、1班と4班の人数の和のほうが多い。
④5班と6班の人数の和は、3班の人数の2倍に等しい。

連続する6つの整数の3番目の数をNとすると、各班の人数は、
N-2、N-1、N、N+1、N+2、N+3
と表すことができます。
ですので、①より最も少ない2班は（N-2）人となります。

②より、最も人数が多いのが5班とわかります。
5班は（N+3）人です。

また、④より、5班と6班の人数の和が、3班の人数の2倍に等しい、
ということは、5班が最も多いことはわかっているので、
3班は6班より人数が多いことがわかります。

次に、5班と6班の人数の和が、3班の人数の2倍ですから、
5班と6班の人数をたすと偶数になることがわかります。
5班は（N+3）人ですから、6班は（N-1）人か（N+1）人となります。

6班が（N+1）人だとすると、3班は（N+2）人になりますが、
③の条件に矛盾しますので、6班は（N+1）ではありません。

よって、6班は（N-1）人となります。
そして、3班は（N+1）人とわかります。

②より、1班と6班、3班と4班、の人数の和は等しいので、1班が
（N+2）人。4班が（N）人となります。

⓫ 1から7までの数を1つずつ図の一番下の○の中に入れました。4と3の位置はわかっています。

次に2つの整数を比べて、大きい方をその上の○に入れました。例えばイとウを比べて、イの方が大きければ、アの位置にはイの数字が書き込まれます。

「ウ≠カ」「エ+サ=6」だとしたら、「ケ+コ」はいくつですか？

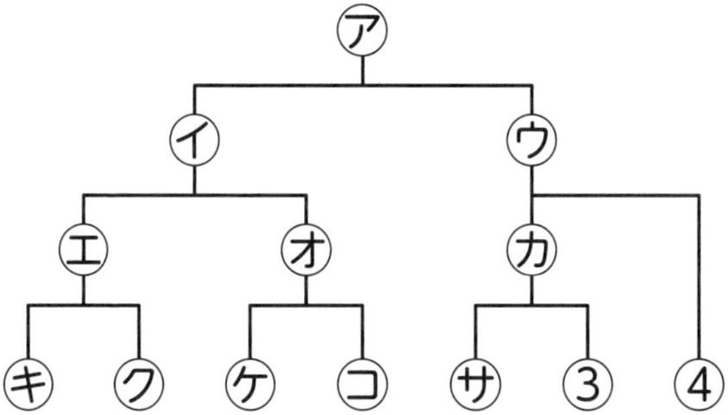

# ⑪ 13

カが5以上であるとすると、ウも同じ数になるので、「ウとカは異なる数」という条件に反します。
4はすでにありますから、よって、カは3以下となります。
3も使っているので、サは2か1ということになります。

サが2とすると「エとサの和は6」という条件からエが4になりますが、4は使われているのでサ＝1、エ＝5となります。

エ＝5とすると、キとクのいずれかは5、一方は5より小さい数になります。

ということは、4,3,2,1ですが、すでに4,3,1は使っているので、2しか使えません。
つまり、キとクのいずれかは5、もう一方は2です。
したがって、
残ったケとコは、6と7が入ります。

6＋7＝13

❷ 図1のような直方体の水そうに、深さ8cmまで水が入っています。この水そうに、図2のような鉄で作った角柱を、沈めます。このとき、水の深さは何cmになりますか？

図1　　　　　　　図2

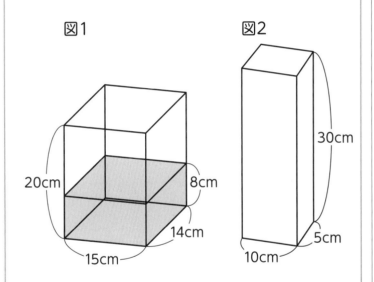

# ❷ 10.5cm

まず全体の水の量を計算します。

15×14×8＝1680（cm³）

です。
角柱を底まで沈めたときには、その分だけ底面積が減ったと考えればよいのです。
つまり、もとの底面積−角柱の底面積

15×14−10×5＝160（cm²）

全体の水量をこの底面積で割ると深さが出ます。

1680÷160＝10.5（cm）

# 付　録

# 小学校6年間で習う算数の公式

## ■面積

正方形…1辺×1辺

長方形…縦×横

平行四辺形…底辺×高さ

三角形…底辺×高さ÷2

台形…（上底＋下底）×高さ÷2

ひし形…対角線×対角線÷2

円…半径×半径×円周率（円周率＝3.14）

---

## ■体積

立方体…1辺×1辺×1辺

直方体…縦×横×高さ

柱体…底面積×高さ

---

## ■角度

三角形の内角の和…180度

四角形の内角の和…360度

多角形の内角の和…180度×（頂点の数－2）

---

## ■円

円周率…円周÷直径

（円周率＝3.14）

円周…直径×円周率

---

# 小学校6年間で習う算数の公式

## ■速さ

速さ…距離÷時間

距離…速さ×時間

時間…距離÷速さ

時速…分速×60

分速…時速÷60

秒速…分速÷60

## ■平均

平均…合計÷個数

合計…平均×個数

個数…合計÷平均

人口密度…人の数(人)÷広さ$(km^2)$

## ■割合

割合…比べる量÷もとにする量

比べる量…もとにする量×割合

もとにする量…比べる量÷割合

## ■割合・歩合・百分率

1=10割=100%

0.1=1割=10%

0.01=1分=1%

0.001=1厘=0.1%

# 小学校6年間で習う単位の関係

## ■長さ

1mm

10mm=1cm

100cm=1m

1000m=1km

## ■重さ

1mg

1000mg=1g

1000g=1kg

1000kg=1t

## ■面積

$1cm^2$

$10000cm^2=1m^2$

$100m^2=1a$

100a=1ha

$100ha=1km^2$

## ■体積

$1cm^3$

$1000000cm^3=1m^3$

# 小学校6年間で習う単位の関係

## ■容積

1mℓ=1cc

100mℓ=1dℓ

1000mℓ=10dℓ=1ℓ

1000ℓ=1kℓ

## ■体積と容積

1cm³=1mℓ

1000cm³=1ℓ

1m³=1000ℓ

## ■時間

1秒

60秒=1分

60分=1時間

24時間=1日

本書は、2013 年 7 月、株式会社サンリオから
刊行された『解けますか？ 小学校で習った算
数』を新装版として再刊いたしました。

# 新装版　解けますか?　小学校で習った算数

発　行　日　　2021年7月30日　初版第1刷発行

監　　　修　　浜田経雄
編　　　者　　『新装版　解けますか?　小学校で習った算数』制作委員会
著　　　作　　株式会社サンリオ

発　行　者　　久保田榮一
発　行　所　　株式会社 扶桑社
　　　　　　　〒105-8070
　　　　　　　東京都港区芝浦1-1-1　浜松町ビルディング
　　　　　　　電話　03-6368-8870（編集）
　　　　　　　　　　03-6368-8891（郵便室）
　　　　　　　www.fusosha.co.jp

印刷・製本　　図書印刷株式会社

定価はカバーに表示してあります。
造本には十分注意しておりますが、落丁・乱丁（本のページの抜け落ちや順序の間違い）の場合は、小社
郵便室宛にお送りください。送料は小社負担でお取り替えいたします（古書店で購入したものについては、
お取り替えできません）。
なお、本書のコピー、スキャン、デジタル化等の無断複製は著作権法上の例外を除き禁じられています。
本書を代行業者等の第三者に依頼してスキャンやデジタル化することは、たとえ個人や家庭内での利用
でも著作権法違反です。

©2021 SANRIO CO.,LTD.／©2021 FUSOSHA Publishing Inc.

Printed in Japan

ISBN978-4-594-08921-4

大人気！
『小学校で習った』シリーズ

新装版

シリーズ累計
178万部

日本語なら言えるのに、
英語になると困惑必至！

すべて小学校で習った漢字だけで構成。
漢字を取り戻せ！

**2021年
8月
発売予定**

新装版
読めますか？
小学校で習った漢字
著：守 誠

定価：1100円
（本体1000円＋税10%）

新装版
さか上がりを
英語で言えますか
著：守 誠 定価

生活に不可欠な常識。
クイズ感覚の一問一答！

**2021
8月
発売予**

かつては解けたはずの
分数・面積……。頭の体操に！

新装版
できますか？
小学校で習った社会科
監修：浜田 経雄
『新装版 できますか？ 小学校で習った社会科』制作委員会
定価：未定

新装版
解けますか？
小学校で習った算数
監修：浜田 経雄
『新装版 解けますか？ 小学校で習った算数』
制作委員会・編
定価：1100円
（本体1000円＋税10%）

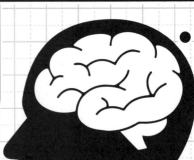